ISBN 978-3-662-42231-1   ISBN 978-3-662-42500-8 (eBook)
DOI 10.1007/978-3-662-42500-8

MEINEN LIEBEN ELTERN

Vorwort.

Die vorliegende Arbeit versucht, ein System der Restitutionen der Pflanzen aufzustellen, d. h. alle Vorgänge, die eine Erhaltung der Formganzheit des pflanzlichen Organismus nach Störungen dieser Formganzheit zur Folge haben, übersichtlich und ins einzelne gehend zu gliedern, sodaß die Bedeutung und der Zusammenhang der teleologischen Begriffe, deren die Formphysiologie sich bei der Darstellung ihrer Ergebnisse bedient, klar heraustritt. Sie beschränkt sich dabei auf die »morphologischen« Restitutionen, d. h. auf diejenigen, bei denen die Regulation durch einen Formbildungsvorgang zustande kommt.

Neben der erstrebten möglichsten Vollständigkeit der typischen Fälle hat der Verfasser in der durchsichtigen Gliederung der bei der Bearbeitung des Stoffes verwendeten Ganzheitsbegriffe seine Hauptaufgabe gesehen, die er in umfassenderer Darstellung auf alle »Wiederherstellungsgeschehnisse«, auf alle »Regulationen« der Pflanzen ausdehnte. Der vorliegende Versuch ist daher zugleich ein Kapitel der Abhandlung: »Die Regulationen der Pflanzen. Ein System der teleologischen Begriffe in der Botanik.«*)

In dieser größeren Arbeit wurde das Wesen der teleologischen Methode in der Biologie historisch und kritisch erörtert und weiterhin versucht, ein Schema, eine Gliederung der von der Biologie verwendeten teleologischen Begriffe zu geben. Als Ergebnis des ersten Teils dieser Aufgabe mag kurz bezeichnet werden, daß die Eigenart der Lebensvorgänge durch die von der Wissenschaft erarbeiteten kausalen Beziehungen nicht vollständig darstellbar ist, daß sie mit ihnen allein

---

*) Erscheint demnächst als Heft der Vortr. u. Aufsätze über Entw.-Mech. d. Organ. (Herausg. W. Roux) im Verlag von J. Springer (Berlin).

niemals dargestellt wurden. Neben jenen tritt stets die Beziehung der Teile des Organismus zum Ganzen hervor, indem für viele Veränderungen am Organismus eine Erhaltung oder Wiederherstellung seiner Ganzheit ein bezeichnendes Merkmal ist. Dieser Ganzheitscharakter der Lebensvorgänge steht mit ihrer kausalen Verknüpfung in keiner Weise im Gegensatz, da er ja vielmehr an ihr selbst hervortritt, sie als eine besondere Form des Geschehens kennzeichnet. Der Zweckbegriff wurde als ungeeignet zur Darstellung dieser Eigentümlichkeit der biologischen Vorgänge erkannt und für sie die Bezeichnung »ganzheiterhaltend« verwendet; das Wort »teleologisch« wurde daneben als alteingeführter Fachausdruck beibehalten. Wenn so die Annahme von »Zwecken« in der Biologie abgelehnt wird, so beschränkt die Untersuchung sich andererseits vollständig auf die Zergliederung der Begriffe der »beschreibenden« Physiologie unter Ausschaltung der Grundfrage der »theoretischen«, ob die kausal und teleologisch gekennzeichneten Lebensvorgänge auf räumlich charakterisierte Folgeverknüpfungen sich restlos zurückführen lassen, der Frage also nach einem Mechanismus oder Vitalismus der Lebenserklärung. Dies geschah vor allem, um die Unabhängigkeit des Verfahrens der Ganzheitbeziehung in der Biologie vom Vitalismus darzutun und damit einen Zweifel zu beheben, der den Blick für die Eigenart des Organischen so oft getrübt hat.

Daß »Regeneration«, »Callusrestitution«, »funktionelle Anpassung« Ganzheitsbegriffe sind, daß es notwendig ist, sich den Aufbau und Zusammenhang dieser von der Wissenschaft benützten Ganzheitsbegriffe klar zu machen und festzustellen, welche Arten ganzheiterhaltender Vorgänge an Pflanzen bekannt sind, das war der Gegenstand dieser Arbeit.

Ganzheiterhaltende Vorgänge im Rahmen »normalen« Geschehens, d. h. eines solchen, das unter äußeren und inneren Bedingungen abläuft, die für den betreffenden Organismus als normale bezeichnet werden müssen, wurden »Harmonien« genannt. Das System der Harmonien ist in seinen Grundzügen, mit zahlreichen Beispielen belegt, in der ausführlichen Abhandlung umrissen. Vorgänge, welche die Ganzheit unter anormalen Bedingungen erhalten oder besser wiederherstellen, die nach Störungen der Ganzheit also eintreten und zur Beseitigung dieser Störungen beitragen, sollten »Regulationen« heißen. Je nachdem ob diese Wiederherstellung die gestörte Funktionsganzheit allein oder neben ihr auch die Formganzheit oder die Ganzheit eines geordneten Bewegungsgefüges betrifft, wurde von »Funktionsregulationen oder Anpassungen«, von »Formregulationen oder Restitutionen« und von »Bewegungsregulationen« gesprochen. Nach den Mitteln der Regulation, ob sie nur durch chemisch-physikalisch zu kennzeichnendes Geschehen, durch Formbildungsvorgänge oder durch Bewegungen an Teilen des Organismus erfolgt, wurden »physiologische«, »morphologische« und »kinetische« Regulationen voneinander getrennt.

Dies sind die wichtigsten dort erarbeiteten Unterscheidungen, welche die Voraussetzung der hier vorgelegten Untersuchung bilden.

Da es sich bei dieser kürzeren Darstellung in erster Linie darum handelt, eine einheitliche und in dieser Form bisher nicht erfolgte Einteilung der morphologischen Restitutionen zu geben, so durfte im Hinblick auf das größere Werk darauf verzichtet werden, in dem Kapitel der »Adventivrestitutionen«, das ein längst allgemein bekanntes Gebiet darstellt, hier die ganze Fülle der Beispiele mit aufzunehmen. Außer dieser einen Kürzung ist eine weitere gegenüber der Gesamtabhandlung nicht erfolgt. —

Zu besonderem warmen Dank ist der Verfasser Herrn Geh. Hofrat Prof. Dr. G. Klebs (Heidelberg) und Herrn Prof. Dr. Hans Driesch (Heidelberg) verpflichtet, nicht nur für die nun lange Jahre zurückliegende Ausbildung in methodischer Experimentalforschung und strenger Begriffsarbeit, sondern vor allem auch für die dauernde liebenswürdige Unterstützung und Förderung seiner wissenschaftlichen Betätigung.

Karlsruhe, im Juli 1917.

Emil Ungerer.

Inhaltsübersicht.

Die Formregulationen oder Restitutionen.

Restitution soll jedes Geschehen am Organismus heißen, durch welches gestörte Formganzheit wiederhergestellt wird. Von Driesch in dieser Bedeutung formuliert, hat sich der Ausdruck in der neueren Entwicklungsphysiologie auf zoologischer Seite fest eingebürgert; er wird auch von Winkler in seiner Zusammenfassung der Ergebnisse der pflanzlichen Entwicklungsphysiologie (1913) in diesem Sinne verwendet, nachdem bisher in der botanischen Literatur ein erhebliches Durcheinander der Terminologie geherrscht hat. So gebraucht z. B. Küster (1903) und nach ihm Pfeffer (1904) sowie Goebel (1908) dieses Wort in engerer Bedeutung als »Regeneration«, während der letztere Ausdruck üblicherweise einen Sonderfall der Restitution darstellt. Bei der Diskussion, ob irgendeine Wiederherstellungsreaktion eine »echte« Regeneration sei, spielen diese Unklarheiten bisweilen eine unerfreuliche Rolle. Von der Abgrenzung der Begriffe hängt das Urteil über die Bedeutung der »Regeneration« für das Pflanzenreich wie die Eingliederung eines bestimmten Einzelvorgangs ab. Wer die Wiederherstellung gestörter Formganzheit als »Regeneration« bezeichnet, wird dieselbe Fülle von Beispielen für dieses Regulationsgeschehen bei den Pflanzen finden wie im Tierreich; wer unter »Regeneration« die Wiederherstellung der gestörten Form im Bereich der Wundfläche versteht, derart, daß kein den Restitutionsvorgang überdauerndes »Wundgewebe« (Callus) auftritt, wird feststellen, daß dieser Vorgang bei den Pflanzen von erheblich geringerer Bedeutung ist als bei den Tieren. Der erstere wird den Satz aussprechen können, daß jeder lebenden differenzierten Pflanzenzelle noch die Fähigkeit der Regeneration zukomme; der letztere wird sie in der Hauptsache auf embryonale Gewebe (Vegetationspunkte und Cambium) beschränkt finden. Der erstere wird das Aussprossen einer isolierten Pilzhyphe oder die Wurzel- und Sproßbildung an abgeschnittenen Blättern von *Begonia* oder *Bryophyllum* als Regeneration bezeichnen, der letztere wird sie nicht als solche gelten lassen. Eine einheitliche Bezeichnungsweise ist im Interesse der Deutlichkeit der Probleme überaus wünschenswert.

Der einzelne Restitutionsvorgang kann gekennzeichnet sein als ein reines Formbildungsgeschehen, etwa bei der Ergänzung einer abgeschnittenen Wurzelspitze, oder, wie bei der Aufrichtung eines Seitenzweigs nach der Entfernung des Hauptsprosses, als eine Bewegungserscheinung. Nach den Mitteln der Regulation der Formganzheit sollen daher morphologische und kinetische Restitutionen unterschieden werden.

Morphologische Restitutionen.

Die Störung der Formganzheit, die jeder Restitution vorhergeht, stellt in der bei weitem größten Anzahl der Fälle eine Entnahme von Teilen der Organisation dar. Häufig wirkt auch die »Inaktivierung«, das »Außerfunktionsetzen« von Teilen, z. B. eines Vegetationspunktes, so, als ob der gewissermaßen »abgespaltene« Bestandteil wirklich entfernt worden wäre: mit der ausgeschalteten Funktion wird auch die — äußerlich scheinbar ungestörte — Form, wiederhergestellt. Beispiele dieser Art werden im weiteren Verlauf der Arbeit erörtert werden. Für die nächstfolgenden Darlegungen genügt es, die Zerstörung oder Entnahme von Teilen der Pflanze ins Auge zu fassen; daneben kommt noch die Verlagerung von Teilen innerhalb einer Zelle, z. B. durch Schütteln oder Zentrifugieren, in Betracht. Wenn nach einem solchen Eingriff der ganze Rest der Organisation an der morphologischen Umgestaltung zur Formwiederherstellung sich beteiligt, soll von einer Totalrestitution gesprochen werden, während der Ersatz des Verlorenen durch Teile des Restes als Partialrestitution bezeichnet werden mag. Der letzteren kommt im Pflanzenreich die ungleich größere Bedeutung zu.

A. Totalrestitution.

Das zoologische Musterbeispiel der Restitution durch Umgestaltung des ganzen Restes der gestörten Organisation bietet nach den Untersuchungen Drieschs (1902) die Ascidie *Clavellina*, bei welcher aus einem Teil des Kiemenkorbes nach Einschmelzung aller sichtbaren Strukturen ein vollständiges verkleinertes Tier hervorgehen kann. Driesch hat diese Vorgänge auf das eingehendste analysiert. Das Ergebnis dieser Zergliederung liegt seinem ersten Beweis für die Autonomie der Lebensvorgänge zugrunde. Er legt den Nachdruck auf die Tatsache, daß jedes einzelne Element der Organisation unabhängig von seiner Lage im Ganzen bei der Gestaltung jede beliebige Einzelheit des Ganzen zu leisten vermag, und daß die Leistung des einzelnen Elements jeweils in der Art erfolgt, daß trotz örtlich ganz beliebiger Entnahme jeweils in harmonischem Zusammenwirken das Ganze wiederhergestellt wird. Die aus solchen Elementen aufgebauten Teile eines Organismus nennt er ein »harmonisch-äquipotentielles System«. Dieser Begriff bezeichnet jedenfalls eine Sonderform teleologischen Geschehens und ist als analytischer völlig hypothesenfrei. Ganz unabhängig von der Frage einer mechanistischen Auflösbarkeit des Geschehens an einem harmonisch-äquipotentiellen System muß man den durch das Wort gemeinten Sachverhalt jedenfalls anerkennen.

Bei höheren Pflanzen dürften harmonisch-äquipotentielle Systeme wohl schon deshalb nicht vorkommen, weil hier die feste Beziehung zu einer gegebenen Gesamtgröße des Organismus fehlt. Die Pflanzen sind meist »offene Formen«, d. h. Systeme von (theoretisch) unbegrenzter, mindestens unabgeschlossener Wachstumsfähigkeit. Geschlossene« Formen, wie sie bei den Tieren die Regel darstellen, dürften am ehesten unter den Fruchtkörpern von Hutpilzen zu finden sein. So ist nach den Untersuchungen von W. Magnus (1906) der Fruchtkörper des Champignons (*Agaricus campestris*) offenbar keine typisch offene Form; nur die relative Selbständigkeit der Teile während der Ausdifferenzierung hindert Magnus, ihn vorbehaltlos zu den geschlossenen Formen zu stellen. Er vermutet, daß es bei den Basidiomyceten eine Reihe von Übergangsformen von echten offenen zu vielleicht völlig geschlossenen Formen gibt. Harmonisch-äquipontentielle Systeme stellen aber gerade diese geschlossenen Formen augenscheinlich nicht dar. Denn wenn auch, wie Magnus bei *Agaricus* gezeigt hat, das zur vollkommenen Fruchtkörperregeneration notwendige Hymeniumstück in dem Stumpf der verletzten Fruchtkörperanlage durchaus beliebig liegen kann, so ist eben doch die Anlage nicht äquipotentiell, weil Hymenium nur im Anschluß an altes Hymenium neugebildet wird.

Geschlossene Systeme gibt es auch bei gewissen Algen-»Kolonien« mit fester Zahl und Gestalt der Zellen wie *Gonium*. Soweit aber bisher bekannt ist, stellen weder diese Formen, noch solche mit freierer, aber immerhin noch typischer Anordnung der Zellen wie *Hydrodictyon utriculatum* harmonisch-äquipotentielle Systeme dar (Harper 1908, 1912).

Der einzige mir bekannte Fall einer echten Totalrestitution auf Grund eines harmonisch-äquipotentiellen Systems bei Pflanzen ist durch die Untersuchungen van Tieghems und Olives bei *Dictyostelium* festgestellt (vgl. Harper 1908). Bei diesem zu den Acrasieen gehörigen Myxomyceten, dessen verhältnismäßig komplizierte Fruchtform von einzelnen amöboiden Zellen aufgebaut wird, entsteht nach Wegnahme eines Teils der mit dem Fruchtkörperbau beschäftigten Amöben ein vollständiger, verkleinerter Fruchtkörper, ja es werden sogar an Stelle eines einzigen Fruchtkörpers aus denselben Amöben durch Teilung der ursprünglichen Ansammlung mehrere, bis zu vier, hergestellt, die kleiner sind, aber dieselben Formverhältnisse aufweisen. Nur dadurch unterscheidet sich diese Totalrestitution auf Grund eines harmonisch-äquipotentiellen Systems von der der *Clavellina*, daß nicht ein einzelner Organismus, sondern eine »Kolonie« das Formganze darstellt. Entsprechendes ließe sich möglicherweise auch bei den ähnlich gebauten Myxobakterien feststellen.

Ein verhältnismäßig ähnliches Verhalten findet sich nach den Angaben Prowazeks (1907) bei *Vaucheria* und *Cladophora*. Aus der verletzten Zelle ausgetretene beliebige Protoplasmaballen dieser Algen sollen zunächst eine Zerstörung aller »eventuellen beständigeren Intimstruktur« zeigen; »die Chloroplasten und Kerne werden durcheinandergewirbelt«, an der Oberfläche des Protoplasmas vollziehen sich

»wogende, regelmäßig periodische Strömungen, die nicht an einen bestimmten Ort gebunden sind«, dann aber gehen diese Plasmafragmente,
wenn nur ihre Kern- und Zellbestandteile in nicht allzu ungünstigem
Verhältnis stehen, zur Neubildung über, indem sie an einer beliebigen
Stelle des von einer Niederschlagsmembran bedeckten Plasmatropfens
einen typischen Algenfaden erzeugen. Eine Totalrestitution, und zwar
an einem einzelnen Organismus, nicht wie bei *Dictyostelium* an einer
Kolonie, liegt zweifellos vor; von einem harmonisch-äquipotentiellen
System aber kann deshalb nicht gesprochen werden, weil es sich um
offene Formen handelt, und weil der Rest der Organisation nach der
Störung sich zwar vollständig an der Restitution beteiligt, aber nur
zum Ausgangspunkt der Neubildung wird, jedoch nicht in ihr aufgeht.

Dieser Fall kann zusammengestellt werden mit dem von Tobler
(1902, 1904) beschriebenen Verhalten verschiedener Meeresalgen. Der
Thallus der Rhodomelacee *Dasya elegans* zerfällt unter ungünstigen
Bedingungen (wahrscheinlich bei abweichender Beleuchtungsstärke und
steigender Konzentration des Meerwassers) in einzelne Zellen, von
denen etwa die Hälfte zugrunde geht, während die übrigen auswachsen,
in Zellteilung eintreten und zum Teil miteinander verwachsen; nach
einiger Zeit bilden diese isoliert vegetierenden Thalluszellen regelmäßig
gebaute, schlanke seitliche Sprosse, die durchaus den normalen Sprossen
der Keimpflanze gleichen (1902). Ganz ähnlich verhalten sich *Griffithsia
Schousboei* und *Bornetia secundiflora* (1904). Hierher gehört ferner
das von Miehe (1905) beobachtete Auswachsen aller einzelnen Zellen
einer plasmolysierten marinen *Cladophora* nach Ausbildung von Membranen durch Entstehung von Rhizoiden und hernach von Algenfäden
zu einzelnen *Cladophora*-Pflänzchen; hierher auch der mehrfach beschriebene Zerfall mancher Algen und Pilze unter ungünstigen Bedingungen zu »Gemmen« und anderen Dauerzellen, aus denen dann
unter normalen Bedingungen der ganze Organismus wieder entstehen
kann. So zerfallen die Fäden einer Lehmkultur von *Bumilleria sicula*
beim Eintrocknen in hellem Licht vollständig in einzelne Zellen, die,
mit dicker Membran umgeben und mit fettem Öl gefüllt, wochenlange
Trockenheit überdauern und dann in Nährlösung auskeimen oder Zoosporen bilden können (Klebs 1896). Diese Fälle leiten ohne weiteres

zu den an anderer Stelle zu besprechenden Erscheinungen der »Not-
reife« über.

Alle Totalrestitutionen, sowohl die auf Grund eines harmonisch-
äquipotentiellen Systems ablaufenden als die Gruppe der anderen, haben
gemeinsam, daß den Neubildungsvorgängen mehr oder minder tief-
greifende Reduktionen vorausgehen. Diese kommen bei *Dictyostelium*
wohl nur in einer Neuordnung der Amöben zum Ausdruck; die Protoplasmaballen von *Vaucheria* und *Cladophora* in Prowazeks Versuchen zeigen nach seinen allerdings recht vereinzelt dastehenden Angaben eine Vereinfachung der Struktur zur Schaffung eines neubildungs-
fähigen Ausgangsmaterials, eine Art »Einschmelzung« ohne Substanz-
verlust, wie sie Drieschs *Clavellina* aufweist; bei den Rhodophyceen
Toblers und den Gemmenbildnern dagegen können richtige Zer-
störungen, Destruktionen auftreten, bei denen ein Teil des Organismus endgültig vernichtet wird. Der Zerfall des Organismus bzw. die
Rückbildung vorhandener Strukturen kann bei allen diesen Beispielen
als »regulatorische Reduktion« bezeichnet werden, weil ihr Ergebnis
den störenden Eingriff zu überdauern und die Ganzheit des Organismus wieder herzustellen imstande ist.

Bei der Restitution der Meeresalgen in den Versuchen von Tobler
und Miehe und bei der Gemmenbildung liegt die Störung nicht in einer
Entnahme von Teilen, sondern in einer Schädigung des Organismus
durch ungünstige äußere Bedingungen. Die als ihre Folge auftretenden
Zerfallserscheinungen, welche in die Formganzheit des Organismus
eingreifen, sind zugleich der erste Schritt der Restitution. Die wachs-
tumshemmenden Einflüsse isolieren die einzelne Zelle, spalten sie aus
dem Geweberverband ab: darin äußert sich die Störung der Formganzheit. Zugleich aber treten in den Teilzellen Vorgänge ein, welche
sie die ungünstigen Bedingungen überdauern lassen, denen der Organismus als Ganzes nicht gewachsen ist und die sie zugleich zur
Neubildung des ganzen Organismus befähigen.

Eine ganz andere Form der Restitution ist neuerdings durch die
Versuche von Andrews (1915) bekannt geworden, welcher Pflanzen
oder Pflanzenteile zentrifugierte. Bei der Desmidiacee *Closterium moni-
liferum* wurde unter Einwirkung einer Schleuderkraft von 1207 g. (g. =

Beschleunigung der Erdschwere) an der Zellinhalt völlig verlagert, die meisten Inhaltsbestandteile je nach der Richtung der Zelle während der Kreiselbewegung an das eine Ende oder an eine Seite geschleudert und dort angehäuft. Im entleerten größeren Teil der Zelle war eine vorher nicht sichtbare Schaumstruktur aus zarten Plasmaplättchen zu bemerken, welche durch das Zentrifugieren nicht zerstört oder verlagert wurde und durch welche die dichteren Zellbestandteile hindurchgeworfen wurden. Trotz einer sonst vollkommenen Desorganisation der Zelle kehrte allmählich ihr ganzer Inhalt an seine ursprüngliche Stelle zurück; nach einem Tag hatte sich die verlagerte Masse bei 22° C im Licht um ein Zehntel ausgebreitet, nach 2 Tagen um ein Drittel, nach 3 Tagen war die Zelle wieder vollkommen hergestellt. Starke allseitige Protoplasmabewegungen nahmen an der Restitution teil, durch die z. B. die verlagerten Gipskriställchen in verschiedenster Richtung durch die ganze Zelle geführt und schließlich nach ihrem alten Platz am Zellende gebracht wurden. Bei fünfmaliger Wiederholung des Versuches trat immer dieselbe Verlagerung und dieselbe Wiederherstellung der gestörten Struktur der *Closterium*-Zelle ein, am Licht fast ohne Verlangsamung der Restitutionsgeschwindigkeit von 3 Tagen, im Dunkeln mit einer Verzögerung auf 5 Tage beim zweiten, auf 10 beim dritten Versuch. Wenngleich hier keine »Verwundung« im gewöhnlichen Sinn vorliegt, so muß doch von einer Störung und Wiederherstellung der Form, von einer »Restitution« gesprochen werden, und zwar bei *Closterium* von einer Totalrestitution, da der ganze Organismus in Mitleidenschaft gezogen wird.

Aber auch bei den Regulationen der zentrifugierten mehrzelligen Organismen wird man von einer Totalrestitution reden müssen, weil gewissermaßen jede Zelle für sich von der Störung betroffen wird und jede Zelle für sich (als Ganzes) die Störung ihrer Intimstruktur wieder ausgleicht. Die ganze gestörte Organisation ist, wie dies die Definition fordert, an der Restitution beteiligt. Von wenigen, gewissermaßen zufällig getöteten Zellen abgesehen, wurde bei keiner der 38 untersuchten Pflanzenarten, auch nicht bei Anwendung einer Schleuderkraft von 13 467 g., die Hautschicht von der Zellwand abgerissen; überall vollzog sich binnen verhältnismäßig kurzer Zeit die Wiederordnung innerhalb jeder Zelle. So wurden alle dichteren Inhaltsbestandteile in Zellen der Haare an den schwimmenden Laubblättern von *Salvinia natans* in das zentrifugale Zellende geworfen, wo sie ein Drittel des Zellraums einnahmen und nach 5 Stunden zurückkehrten, während die Zellinhalte der Laubblätter selbst in einem Viertel des Zellraums zusammengedrängt wurden und sich nach einem Tag restituierten. Bei zentrifugierten ganzen Pflanzen von *Stellaria media* während 15 Minuten mit 5000 *g.* nahm der verlagerte Zellinhalt gar nur ein Achtel des Zellraums ein und kehrte nach 5 Stunden bei den wiedereingepflanzten Stellarien in seine alte Lage zurück, wobei die noch jungen Pflanzen ihr Wachstum fortsetzten. Das Ausschleudern des Nucleolus aus den Kernen der Wurzelhaare von *Zea Mays*, der Brennhaare von *Urtica dioica* und der Staubgefäßhaare von *Tradescantia virginica* hatte keine Nachteile für die Kerne, die zuweilen an die Stelle des stärksten Wachstums zurückkehrten, im übrigen ihre Teilungsfähigkeit bewahrten, trotzdem der Nucleolus im Plasma aufgelöst und im Kern nicht neugebildet wurde. Bei den Staubgefäßhaaren von *Tradescantia virginica*, die eine Verlagerung aller beweglichen Inhaltsbestandteile nach einstündiger Anwendung von 5000 *g.* zu einer dichten Masse im einen Zellende nach 5 Minuten unter starker allseitiger Plasmaströmung ausglichen, vollzogen sich bei Schleuderkräften von 1107 *g.* und darunter während des Zentrifugierens noch Kernteilung und Wandbildung, wobei zuweilen Drehungen der Kernspindel bzw. Wandrichtung vorkamen.

Ohne Zweifel werden sich an diese Gruppe eigenartiger Formregulationen künftig noch andere Fälle anschließen.

B. Partialrestitution.

Bei den Tieren wie bei den Pflanzen werden verloren gegangene Teile in der großen Mehrzahl der Fälle nicht durch den ganzen Organismus, sondern von einzelnen begrenzten Bezirken aus ersetzt. Es bestand von jeher das Bedürfnis, zwei ganz verschiedene Arten dieser »Partialrestitution« auseinander zu halten, die häufig ohne genaue Definition als »Regeneration« und als »Adventivbildung« einander gegenübergestellt wurden. Das wichtigste unterscheidende Merkmal der beiden Gruppen ist wohl die Örtlichkeit der Neubildung; bei der einen wird die gestörte Struktur an derselben Stelle wiederhergestellt, bei der anderen erfolgt der Ersatz an fremdem Orte. Zu der ersten Art von Restitutionen muß neben der »Regeneration« auch die »Callusrestitution« gestellt werden, die man zum Teil den Adventivbildungen beigesellt, zum Teil häufig einfach als »Wundverschluß« bezeichnet hat. Zweifellos erfolgt aber hier der ganzheiterhaltende Vorgang an der Wundstelle selbst wie bei den echten Regenerationen, auch gibt es Übergänge zwischen beiden Restitutionstypen. Diese Gründe, wie auch andere, die sich aus der schärferen Analyse der Callusrestitution ergeben, rechtfertigen ihre Zusammenfassung. Als gemeinsamer Name scheint mir das Wort Reparation am geeignetsten zu sein, das von Winkler (1913) für die adäquate Neubildung des Verlorenen von der Wundstelle aus vorgeschlagen wird. Eine Differenz besteht dabei höchstens in der Auffassung des Wortes »adäquat«, weil bei den Callusbildungen stets noch ein Teil des restitutionsvermittelnden Gewebes erhalten bleibt, die Neubildung dem Entnommenen daher nicht völlig gleichartig ist.

In dem hier vertretenen Sinne würde Reparation am einfachsten als Ersatz der gestörten Struktur am normalen (= selben) Orte zu bezeichnen sein.

Den Ersatz an fremdem Orte durch das Wort »Regeneration« auszudrücken, das Winkler (1913), und mit ihm neuerdings auch Jost (1913), für die Ersatzbildung durch Auswachsen vorhandener Anlagen oder »adventive Neubildungen« vorschlägt, dürfte auf keinen Fall angehen, da dieser Terminus seit langer Zeit in anderem Sinne vergeben ist und seine Anwendung mit derjenigen in der zoologischen Literatur in Widerspruch stehen würde. Dagegen wäre hierzu wohl der Ausdruck Reproduktion geeignet, den Pfeffer (1904) in ganz ähnlichem Sinne gebraucht. Die Reparation in der hier gemeinten Bedeutung umfaßt »Wiederbildung (Reparation)« und »Neubildung« bei Jost (1913), die Reproduktion entspricht seiner »Neuentfaltung«.

Von dem heutigen Zustand der botanischen Terminologie gibt es wohl eine Vorstellung, wenn man sich klar macht, daß »Regeneration«

bei Küster (1916a, S. 124) und Goebel (1908, S. 137) die Wiederherstellung der zerstörten Teile eines verwundeten Organs oder Organ-
teils bedeutet, die Callusrestitution mitumfaßt und als engeren Begriff
die »Restitution«, die vollkommene Wiederherstellung des früheren
Zustandes in allen Beziehungen einschließt, während »Regeneration«
bei Winkler (1913, S. 660) den Ersatz des Ausgeschalteten durch
Auswachsen vorhandener Anlagen und adventive Neubildungen ein-
schließlich der Callusrestitution bezeichnet, der die Wiederherstellung
von der Wundfläche aus als »Reparation« gegenübersteht, als die beiden
Unterarten der »Restitution«. So ist also »Reparation« (Winkler)
gleich »Restitution« (Küster) und »Restitution« (Winkler) gleich
»Regeneration« (Küster).

Wenn es gelänge, deutsche Ausdrücke in einheitlicher Verwendung
als festliegende Fachausdrücke durchzusetzen, so würde sich Wiederbildung für Reparation und Neubildung für Reproduktion am besten
eignen. Die Hauptsache aber ist die ganz scharfe Unterscheidung und
die eindeutige Bezeichnung des gemeinten Sachverhalts. Die Fremd-
worte haben hier übrigens den sprachlichen Vorteil, daß sie eine adjek-
tivische Verwendung und weitere Zusammensetzungen besser gestatten
als die entsprechenden deutschen Worte.

I. Reparation (Wiederbildung).

Der wesentlichste Unterschied der beiden Formen der Reparation
besteht darin, daß bei der Callusrestitution ein besonderes Gewebe — das »Callusgewebe« — die Neubildung vermittelt und auch
nach vollendeter Restitution wenigstens teilweise erhalten bleibt, während bei der Regeneration alle Ersatzgewebe im Regenerat vollständig aufgehen. Zur Regeneration sind bei Pflanzen im allgemeinen
nur die meristematischen Gewebe, sowie noch nicht völlig ausdifferenzierte, gewissermaßen »embryonale« Zellkomplexe imstande. Callus
dagegen wird nicht nur von Bildungsgeweben (»Cambialcallus«), sondern wohl von sämtlichen Zellsystemen des pflanzlichen Organismus
erzeugt; im letzteren Fall geht seiner Entstehung eine »Umdifferenzierung« der bereits »fertigen« Zellen voraus.

Außer der Örtlichkeit der Erzeugung haben Regeneration und Callusrestitution auch in ihrem Entwicklungsgang sowie in ihrem Ergebnis für den Organismus viel Gemeinsames. Bei beiden steht einer vorbereitenden Phase eine Phase der Ausgestaltung durch Wachstum und Differenzierung gegenüber; durch beide können sowohl ganze Organe wie einzelne Gewebepartien — nur unter verschiedenen äußeren und inneren Bedingungen — ersetzt werden.

Es erscheint vom teleologischen Gesichtspunkt aus angemessen, diejenigen Reaktionen des Organismus, durch welche ein bloßer Wundverschluß, eine einfache »Vernarbung«, erzielt wird, ohne daß dabei eine dem Differenzierungsgrad der zerstörten Organisation entsprechende gestaltende Ersatzleistung zustande kommt, nicht den Restitutionen, sondern den Adaptationen oder morphologischen Anpassungen zuzurechnen. Hier wird eben nur die Funktionsganzheit des Organismus erhalten, ohne daß die verlorene Struktur selbst wiederhergestellt wird. Die Bildung von Vernarbungsmembranen an verletzten Zellen, von oberflächlichen Zellwucherungen zur Bedeckung verwundeter Gewebe, die Cuticularisierung oder Verdickung bloßgelegter Zellwände und die Verkorkung der äußersten Zellschichten, die Thyllenbildung als Gefäßverschluß und schließlich auch die echte Korkbildung mittels eines neu entstehenden Phellogens sind Beispiele für solche nichtrestitutive Regulationen. Die verschiedene teleologische Wertigkeit von Vorgängen, deren Ergebnis für die vergleichende Morphologie oder Anatomie »dasselbe«, gleichwertig, ist, zeigt sich besonders deutlich gerade bei der Korkbildung: die Anlage eines Korkes als Vernarbungsgewebe im Blattstiel vor dem Abfall des Blattes im normalen Entwicklungsgang der Pflanze ist überhaupt nicht regulatorischer, sondern harmonischer Natur; die Ausbildung von Kork ohne weitere restitutive Ausgestaltung bei Entfernung größerer Teile von Stamm, Wurzel oder Blatt stellt als bloßer Wundverschluß eine Adaptation, also eine Funktionsregulation dar; die Neuentstehung von Kork an Stelle von zerstörten, etwa abgeschälten Korkpartien gehört als Reparation zu den Formregulationen. Wenn man schon teleologische Begriffe wie »Regulation«, »Restitution« »Regeneration«, »Anpassung«, usw. überhaupt verwendet, so ist es unbedingt notwendig, daß man sie in scharfer begrifflicher Gliederung eindeutig verwendet. Gerade auf dem Gebiete der »Wundheilung« der Phanerogamen, wo die Untersuchungen häufig vom praktischen Gesichtspunkt aus gemacht werden, vermißt man diese eindringende Analyse ebensosehr wie die Einheitlichkeit der Bezeichnungsweise.

1. Regeneration.

Die Örtlichkeit der Formbildungsvorgänge erlaubt — und erfordert — noch eine weitere Gliederung der Regenerationen. Wenn die Neubildung bei mehrzelligen Organismen aus den der Wundfläche benachbarten Zellen unmittelbar entsteht, sodaß die erste Phase ausschließlich als Zellteilungs- und Wachstumsgeschehen am Wundrand — als »Sprossung« — zu kennzeichnen ist, so soll von Sprossungsregeneration gesprochen werden. Geht dagegen der Ersatz aus einer inneren Umdifferenzierung der im Bereich der Wunde übriggebliebenen — auch tiefer gelegenen — Gewebe hervor, ohne Beziehung zu den Vorgängen an der Wundfläche selbst, so mag dieser Reparationsvorgang Ersatzregeneration heißen. Bei der Sprossungsregeneration ist der Wundverschluß in das Wiederbildungsgeschehen unmittelbar einbezogen, bei der Ersatzregeneration sind beide Vorgänge voneinander unabhängig. Die Sprossungsregeneration ist nach allen bisherigen Erfahrungen auf irgendwie »embryonale«, noch nicht »ausdifferenzierte«, »fertige«, »erwachsene« Teile des Organismus beschränkt: Meristeme aller Art und noch »junge«, »unerwachsene« Organe sind ihr Ausgangspunkt. Die Ersatzregeneration kann auch an fertigen, differenzierten Zellen einsetzen; hierbei ist die erste Stufe der Regeneration ein Vorgang der »Umdifferenzierung«, des »Embryonalwerdens« der ausgebildeten Zellen, dem bei der Ersatzregeneration von Meristemen eine Umordnung der vorhandenen Struktur (durch bestimmt gerichtete Zellteilungen) entspricht.

a) Sprossungsregeneration.

Die Entstehung und das Wachstum der beiden Hauptorgane des Pflanzenkörpers, des Sprosses und der Wurzel, geht von besonders geformten Meristemen, den »Vegetationspunkten«, aus; die vordersten (distalsten) Teile dieser Vegetationspunkte haben sich als regenerationsfähig erwiesen. Es erscheint zweckmäßig, diese Regeneration ganzer Vegetationspunkte als Organregeneration den übrigen Fällen gegenüberzustellen, wo nur bestimmte Teile eines oder mehrerer Gewebe — oder aber Zellen und Teile von Zellen bei niederen Pflanzen — neugebildet werden, und diese letzteren unter der Bezeichnung Strukturregeneration zusammenzufassen.

aa) Organregeneration.

Regeneration eines Vegetationspunktes wurde zuerst für Wurzeln von Phanerogamen festgestellt. Die ersten Angaben über die Neubildung der abgetrennten Wurzelspitze finden sich bei Ciesielski (1872) und Prantl (1874); daß auch längshalbierte Wurzelvegetationspunkte regenerationsfähig sind, zeigte Lopriore (1896). Die genaueren Einzelheiten und die Bedingungen dieser Reparationsvorgänge wurden durch die eingehenden Untersuchungen von Simon (1904) und Němec (1905) aufgedeckt. Danach findet echte Regeneration der Spitze bei schräg oder quer dekapitierten Wurzeln statt, wenn der Schnitt dem Vegetationspunkt sehr nahe liegt; dasselbe findet bei einer Reihe querer oder schräger Einschnitte von bestimmter Tiefe und bei Längsspaltungen statt; notwendig für die Auslösung der Regeneration ist das Pericambium. Mit dem Vegetationspunkt werden auch alle ihm zugehörigen Organisationsbestandteile, bei *Euphorbia* z. B. die Milchröhrenzellen, regeneriert. Die Hauptobjekte waren *Zea Mays* und *Vicia faba*.

Auf Grund der beiden letztgenannten Arbeiten lassen sich folgende Formen der Regeneration der Wurzelspitze unterscheiden:

1. Der neue Vegetationspunkt entsteht unmittelbar aus den Geweben des Pleroms (»direkte Regeneration«, Simon).

2. Die Neubildung der Wurzelspitze vollzieht sich unter Beteiligung des Pericambiums und der anliegenden Periblem- und Pleromschichten, wobei wegen des Aussetzens der Teilungstätigkeit des inneren Pleroms eine Art »Callusring« entsteht, der nachträglich in das Regenerat einbezogen wird (»partielle Regeneration«, Simon; »procambiale Regeneration«, Prantl).

3. Die Restituierung der Spitze erfolgt nur an einem Teil der Wundfläche, meist wohl aus ernährungsphysiologischen Ursachen; so bei schräg dekapitierten Wurzeln an der äußersten Spitze des Wurzelstumpfes, bei querer Wundfläche auf der einen Seite, wenn die andere durch Gipsverband oder mehrfache Quereinschnitte geschädigt ist. Man könnte hier von »einseitiger Regeneration« sprechen.

4. Ein callusartiger Ringwulst mit einseitig entstehender Wurzelspitze bildet sich, wenn nach Querdekapitation eine Glasnadel ins Plerom gestoßen wird. Da der Ringwulst sich nicht völlig schließt und mit dem Regenerat nicht vollständig verschmilzt, so liegt hier ein Übergang von echter Regeneration zur Callusrestitution vor.

Hierzu kommen nun weiter noch die Fälle von »Ersatzregeneration«, sei es in reiner Ausprägung oder in Verbindung mit Sprossungsregeneration.

Wie die Unterscheidung dieser Typen eine wichtige Vorarbeit für die künftige allgemeine Einteilung der Regenerationen darstellt, so liefern die Untersuchungen von Simon und Němec auch Material für eine Gliederung des Regenerationsverlaufs. In seiner eingehenden Analyse der tierischen Regenerationserscheinungen (1901) hatte Driesch zwei Hauptphasen unterschieden, »Anlage« und »Ausgestaltung«, denen sich als dritte die des »allgemeinen Wachstums« anschließt. Die erste umfaßt vorwiegend Zellteilungsvorgänge und liefert ein ziemlich indifferentes Bildungsmaterial; die »Anlage« soll ein harmonisch-äquipotentielles System darstellen oder sich aus mehreren solchen Systemen zusammensetzen. Die Phase der Ausgestaltung ist in der Hauptsache durch Differenzierungsvorgänge gekennzeichnet. Für die Pflanzen liegen die Verhältnisse nun insofern anders, als die Regeneration nicht von »fertigen« Geweben ausgeht, die eine Umdifferenzierung erfordern, sondern an meristematischen Geweben, bei der Organregeneration an Vegetationspunkten, stattfindet. Ein äquipotentielles System ist hier schon gegeben, — freilich ein »offenes«, kein »geschlossenes« wie bei den Tieren. Die Phase der »Anlagebildung« kann daher ganz fehlen, wie Simon und Linsbauer (1915) hervorheben, oder doch wesentlich verkürzt sein. Simon und Němec geben folgende Einteilung des Regenerationsverlaufs:

1. Phase: Folgen des Wundshocks und Auslösung der Regeneration (»Reaktionszeit«, Simon).

2. Phase: Nach Simon durch Längsteilungen im Pericambium gekennzeichnet, die Němec nicht regelmäßig fand, nach Němec durch Ausbildung der provisorischen Wurzelhaube und ihre Abgrenzung. Hier geht ferner die eventuelle Anlage des »Statocytenkomplexes« vor sich und die Bildung einer neuen Epidermis in der Rinde.

3. Phase: Definitive Ausgestaltung (Simon), charakterisiert durch die Anlage einer neuen Initialgruppe.

Auch hier gehen also vorbereitende Stufen der eigentlichen Ausgestaltung voran; eine größere Annäherung an das Drieschsche Schema scheint nur da vorzuliegen, wo bei Spaltungen des Vegetationspunktes neben der Sprossungsregeneration eine Umgestaltung des intakt gebliebenen Teiles notwendig wird.

Wie bei den meisten tierischen Regenerationen schreitet der Regenerationsvorgang in distal-proximaler Richtung fort (Anlage der »provisorischen Wurzelhaube«).

Auch bei den Pteridophyten kommt, wenn auch augenscheinlich nicht sehr häufig, wie die negativen Ergebnisse von Němec zeigen, eine Restitution der Wurzelspitze vor; Bruchmann (1905) beschreibt diesen Vorgang bei *Selaginella Kraussiana* nach geringer Abtragung.

Regeneration gespaltener Sproßvegetationsprodukte beschrieb zuerst Lopriore (1895) bei *Helianthus annuus, Acer Pseudoplatanus* und *Vitis vinifera*. Aus der ausführlichen Darstellung der von Peters (1897) untersuchten Reparationserscheinungen bei *Helianthus annuus* scheint hervorzugehen, daß bei den vor Anlage des Köpfchens verletzten Pflanzen eine Regeneration der beiden gespaltenen Vegetationspunkthälften in enger Verbindung mit Callusrestitutionen der schon differenzierten Gewebe vorliegt. Regeneration des abgeschnittenen Vegetationspunktes bei *Populus* beschreibt Reuber (1912). Die Angaben von Peters und Reuber sind durch die neueren Untersuchungen von Linsbauer (1915) einigermaßen zweifelhaft geworden. Höchstwahrscheinlich handelt es sich nicht um Sprossungs-, sondern um Ersatzregeneration.

Einige Angaben mögen noch erwähnt werden, deren Eingliederung als Organregeneration durch Sprossung aber wenig gesichert erscheint. Nach Goebel (1905a) wird der Vegetationspunkt der wurzelähnlichen *Dioscorea*-Knollen, die nach Goebel aber blattlose Auswüchse der Sproßachsen darstellen und diesen näher stehen, nach Abtragung regeneriert. Bei *Pelargonium zonale* treten nach Entfernung aller Vegetationspunkte an den Stellen, wo die Achselknospen der Blätter entfernt sind, stets neue Sproßvegetationspunkte auf, die aber nicht aus dem ganzen Stummel der entfernten Knospe hervorgehen (Goebel 1908, S. 138). Ob bei *Dioscorea* und *Pelargonium* Regeneration oder Callusrestitution vorliegt, läßt sich bei dem Fehlen genauer histologischer Angaben schwer entscheiden. Ob die Restitution eines Vegetationspunktes bei *Cyclamen* (Winkler 1902) als Regeneration bezeichnet werden kann, ist mir gleichfalls zweifelhaft.

Die von Massart (1899) beschriebene Vernarbung mit Regeneration von »Vegetationspunkten« bei mehrschichtig-thallösen Rhodophyceen (*Polyides lumbricalis, Gigartina mammilosa, Chondrus crispus*) und bei Phäophyceen (*Fucus*-Arten, *Pelvetia caniculata, Halidrys siliquosus, Ascophyllum nodosum*) ist offenbar in erster Linie eine Strukturregeneration, eine Ausbildung von Randelementen des Thallus; die Vegetationspunkte, welche meist in der ganzen Ausdehnung der Wundfläche, bei *Fucus serratus* jedoch nur an den Nerven entstehen, bilden sich offenbar erst nachträglich im Regenerationsgewebe aus. Man könnte also von einer Verbindung von Organ- und Strukturregeneration sprechen.

bb) Strukturregeneration.

Die einfachsten Verhältnisse finden sich bei Algen und Pilzen.

Membranbildung an plasmolysierten Algenprotoplasten (*Spirogyra, Zygnema, Mesocarpus, Oedogonium, Vaucheria, Chaetophora, Stigeoclonium* und *Cladophora*) sowie an Blattzellen von *Funaria*, an Prothallien von *Gymnogramme* und an Blättern von *Elodea canadensis* hat Klebs (1888) in 10—20%igen Rohrzuckerlösungen festgestellt; die Kultur geöffneter *Vaucheria*-Schläuche in 1%igem Rohrzucker mit Kongorot zeigte, daß die neue Wandbildung nur da erfolgte, wo die

Berührung des Plasmas mit der alten Wandfläche völlig unterbrochen war. Eine Reihe von experimentellen Arbeiten über Zellhautbildung haben sich an diese Untersuchung angeschlossen (z. B. Palla 1890, Acqua 1891, Townsend 1897, Mann 1906, Palla 1906).

Besonders reichhaltig ist die Literatur über Regeneration bei Siphoneen, vor allem bei *Vaucheria*, *Caulerpa* und *Bryopsis* (Hanstein 1872, 1880, Noll 1888, Klemm 1893, 1894, Küster 1899, Winkler 1900, Prowazek 1901, 1907, Janse 1906, 1908, Figdor 1910). Daß *Bryopsis mucosa* den apicalen Fiederteil und die basalen Rhizoiden nicht nur an normaler Stelle regeneriert, sondern unter bestimmten Bedingungen auch in umgekehrter Richtung (Winkler 1900), wird wohl ebensowenig als »Heteromorphose«, als Restitution eines andersartigen Organs bezeichnet werden dürfen, wie dies meist geschieht, als die entsprechende Umkehrung der Polarität bei *Dasycladus clavaeformis* (Wulff 1910), deren Regenerationsvermögen durch Figdor (1910) bekannt ist, sondern als eine Verbindung von Regeneration und Adaptation. Mit der Regeneration eines antennenähnlichen Gebildes an Stelle eines mit dem Stielganglion entfernten Auges bei Krebsen (Herbst 1899), dem zoologischen Musterfall der »Heteromorphose«, lassen sich diese Polaritätsumkehrungen nicht in Parallele stellen. Das Wort »Heteromorphose« hat freilich seine Bedeutung in der Entwicklungsphysiologie gewechselt; Loeb (1893) hat es ursprünglich auch für Polaritätsumkehr bei Polypen verwendet. Die heutige Benutzung zur Bezeichnung der Restitution eines andersartigen Organs dürfte aber die zweckmäßigste sein.

Die Restitution von Fadenalgen (*Cladophora*, *Trentepohlia*, *Ectocarpus*, *Cephaleuros*, *Antithamnion* u. a.) durch Austreiben der Nachbarzelle der verletzten und absterbenden, welche Massart (1898) in einer Reihe von Beispielen beschreibt, läßt sich ebensogut als Regeneration wie als Adventivbildung (also als Reproduktion) auffassen, weil der Begriff der »Wundstelle« hier schwer faßbar ist; zweifellos reagieren auch bei den Regenerationen höherer Pflanzen die den verletzten benachbarten Zellen, andererseits aber könnte man bei diesen, zum Teil wenigzelligen Algen geltend machen, daß die Reaktion nicht von der eigentlichen Wundstelle in der verletzten Zelle ausgeht. Man darf nie übersehen, daß alle unsere wissenschaftlichen Begriffe, gerade weil wir sie eindeutig festlegen müssen, der unendlich vielgestaltigen Gegebenheit gegenüber sich immer wieder als viel zu arm herausstellen, daß immer wieder Fälle auftreten, welche bei der Schaffung jener Begriffe nicht vorauszusehen waren und welche sich zunächst einer klaren Erfassung widersetzen. Darin liegt aber kein Einwand gegen die logische Untersuchung der naturwissenschaftlichen Begriffe, sondern ein Beweis für ihre Notwendigkeit.

Zahlreiche Fälle von Regeneration bei Rhodophyceen (*Delesseria, Polysiphonia, Ceramium, Plocamium, Rhodymenia, Polyides, Gigartina, Chondrus*) und Phäophyceen (*Laminaria, Himanthalia, Fucus, Pelvetia, Halidrys, Ascophyllum*) finden sich in derselben Arbeit von Massart. Seine Angaben werden ergänzt und berichtigt durch die Untersuchungen von Tobler bei *Bornetia* und *Griffithsia* (1903), bei *Polysiphonia* (1906) und *Myrionema* (1908) sowie von Setchell (1905) und Killian (1911) bei *Laminaria*. Im allgemeinen handelt es sich überall um eine Wiederherstellung der Randelemente in ihrer ursprünglichen Gestalt durch Aussprossung und Differenzierung der freigelegten tieferen Gewebepartien. Eine Regeneration auf ganz früher Entwicklungsstufe, eine Art embryonaler Regeneration, hat Kniep (1907) an zweigeteilten Eiern von *Fucus* festgestellt; an Stelle der abgetöteten »Rhizoidenzelle« bildet die andere Zelle Rhizoiden aus, durch deren Teilung sonst nur der Thallus hervorgegangen wäre.

Eine der einfachsten Strukturregenerationen bei Pilzen ist an *Phycomyces nitens* von Köhler (1907) festgestellt, wo abgeschnittene Lufthyphen sich mit einer Vernarbungsmembran abschließen, aus der Prolifikationen aussprossen; man könnte hier von einer Art Übergang zur Callusrestitution sprechen.

Das bekannteste Beispiel der Regeneration bei Pilzen ist wohl die Ergänzung des abgeschnittenen Hutes bei jungen Fruchtanlagen von *Coprinus* (*stercocarius, ephemerus* usw.), die schon von Brefeld (1877) festgestellt, von Köhler (1907) und Weir (1911) bestätigt und genau untersucht wurde. An der Wundstelle treten Hyphensprossungen auf, welche sich zur neuen Fruchtkörperanlage zusammenschließen, zum Schluß aber mit dem Rest des alten Fruchtkörpers zu einem einheitlichen Gebilde verschmelzen können. Von allen drei Forschern wird Wert auf die Feststellung der Tatsache gelegt, daß jede beliebige Zelle von Hut und Stiel innerhalb des Gewebeverbandes imstande ist, einen neuen Fruchtkörper zu erzeugen; es liegt also in der jungen Fruchtkörperanlage von *Coprinus* ein äquipotentielles System, und zwar ein komplex-äquipotentielles in der Sprache Drieschs vor (wie beim Cambium höherer Pflanzen), wo jede Einzelheit das Ganze erzeugen kann.

Genau unterrichtet sind wir über die Regeneration des Champignons durch die Arbeit von W. Magnus (1906). Der Fruchtkörper von *Agaricus campestris* ist danach im Jugendzustand — nicht aber im allerersten Entwicklungsstadium — regenerationsfähig. Geringe Verletzungen werden leicht ausgeheilt. Geht der Schnitt bis zur Hymenialschicht, so bildet sich ein Wundgewebe aus lockeren, rein weißen Hyphen, das zum Ausgangspunkt aller weiteren Restitution wird und zu dessen Herstellung alle inneren Gewebeteile befähigt sind. Neubildungen der Hymenialschicht entstehen nur im Anschluß an noch vorhandene Teile derselben. Auch ist sie das erste, was bei der Regeneration ausdifferenziert wird; in Abhängigkeit von ihrer Ausbildung legen dann die regenerierenden Hyphen sich zur fortwachsenden Schneide des »Vegetationsrandes« zusammen. Nur für die übrigen Gewebe des Hutes, nicht aber bezüglich des Hymeniums, kann daher von einem äquipotentiellen System gesprochen werden.

Die Reparationen im Fruchtkörper von *Stereum hirsutum* (Goebel 1903), die selbst sofort wieder zur Hymeniumbildung übergehen, möchte Goebel nicht als echte Regeneration auffassen, weil die Zonenbildung der neuen Teile sich derjenigen der alten nicht direkt anschließt. Maßgebend für die Auffassung als Regeneration dürften die Tatsachen der Entstehung an der Wundfläche und die völlige Verwandlung in einen Fruchtkörperteil sein; die Inkongruenzen bezüglich der Zonenbildung finden eine Analogie in jenen tierischen Regenerationen, bei welchen das Regenerat gemäß der Barfurthschen Regel auch auf einer schiefen Schnittfläche senkrecht steht, also in anormaler Richtung zum Gesamtkörper. Wenn auch in diesem Falle häufig ein nachträglicher Ausgleich durch Wachstumsregulationen stattfindet, der bei dem Pilz nicht möglich ist, so liegen doch die Verhältnisse im Grunde entsprechend, und auf zoologischer Seite hat man noch keine Veranlassung gefunden, diese Neubildungen nicht als Regenerationen aufzufassen.

Die Ergänzung der abgeschnittenen weißen Spitzen an jungen Exemplaren von *Xylaria arbuscula* (Köhler 1907) und am Stroma von *Xylaria hypoxylon* (Freeman 1909) durch Hyphensprossung an der Wundfläche ist gleichfalls als Strukturregeneration aufzufassen, da sie ihres erheblich einfacheren Baues wegen mit den Vegetationspunkten der Gewebepflanzen nicht in Parallele gestellt werden können.

Eine Regeneration der schwarzen Rinde der Sklerotien von *Coprinus* vom Mark her wird von Brefeld (1877) und de Bary (1894) beschrieben. Weitere Beispiele für Strukturregeneration bei Pilzen finden sich in der Arbeit von Massart (1898), so die regenerative Ausheilung oberflächlicher Wunden bei *Trametes gibbosus* und *Polyporus versicolor* durch Hyphensprossung und die regenerative Rindenbildung an Sklerotien von *Ganoderma lucidum*; auch Flechten zeigen diese Form der Reparation, die bei *Umbilicaria pustulata* noch durch Sporidienbildung längs der Wunde kompliziert wird. Weitere Angaben finden sich in der erwähnten Arbeit von Köhler (1907).

Bei den Moosen kommt als Hauptbeispiel die Regeneration verletzter Laubmoosbrutkörper von *Eriopus* und *Drepanophyllum* (Correns 1899) in Frage. Der Ersatz der *Marchantia*-Rhizoiden durch Auswachsen einer Nachbarzelle (Kny 1880) läßt sich vielleicht als Grenzfall zwischen Regeneration und Adventivbildung bezeichnen. Bei der von K. Müller (1856) beschriebenen teilweisen Reparation des Blattes von *Bryum Billardierii*, die in der Literatur zuweilen erwähnt wird, ist nicht zu erkennen, ob Sprossungs- oder Ersatzregeneration vorliegt; da es sich überdies nicht um ein Versuchsergebnis, sondern um eine zufällige Beobachtung an Herbarmaterial handelt, dürfte der Fall bei seiner Vereinzelung ziemlich zweifelhaft sein.

Bei den Farnen ist Sprossungsregeneration mehrfach bekannt geworden. Längsgespaltene Polypodiaceenprothallien regenerieren im vorderen Teil den Vegetationspunkt (Goebel 1898); ebenso wird die bei Farnen längere Zeit »embryonal« bleibende Spitze der Blattspreite von *Polypodium* (*pustulatum, Heracleum*) nach Goebel (1902, 1908) und von *Scolopendrium* nach Figdor (1906) regeneriert. Bei dem letzteren Farn tritt eine Gabelung des Blattvegetationspunktes nicht nur bei seichtem Medianeinschnitt, sondern auch bei einfacher Dekapitation auf, was Figdor auf eine Spaltung des meristematischen Gewebes infolge verschiedener Gewebespannung zurückführt. Da es sich hier nicht um Neubildung weggenommener ganzer Vegetationspunkte, sondern um ihre Ausbesserung nach Verletzungen handelt, so wurden diese Fälle, die sich der unten sogleich zu erwähnenden »Seitenregeneration« anschließen, als Strukturregenerationen aufgefaßt. Auf die Regeneration bei Marattiaceen durch Zellteilung an der Wundfläche (Massart 1899) mag noch kurz hingewiesen werden.

Bei den Phanerogamen kann man drei Gruppen von Strukturregenerationen unterscheiden.

Die erste, einfachste Art stellt die Regeneration von Zellteilen dar, wie sie in der Wandbildung isolierter Protoplasten oder in der Bildung einer neuen Haarspitze bei den Brennhaaren von *Urtica dioica* (Küster 1903) gegeben ist.

Bei der zweiten handelt es sich um Formbildungsvorgänge im Bereich von Meristemen, insbesondere eines Vegetationspunktes. Hierher gehört die von Němec (1905) beschriebene »Seitenregeneration« an Wurzelvegetationspunkten, welche zu einer Ergänzung — nicht etwa Neubildung — derselben führt; es handelt sich um Restitution einer in Plerom, Endodermis, Pericambium und Epidermis gegliederten Rinde an seitlichen Wunden. Auch die von demselben Autor beschriebene Wundheilung mittels eines »keilförmigen Gewebes« bei nicht zu tiefen Einschnitten an Wurzelvegetationspunkten gehört hierher.

Bei der dritten Gruppe handelt es sich um Strukturregenerationen an noch jungen, unerwachsenen, aber immerhin weitgehend differenzierten Organen, meist um solche in unmittelbarer Nähe eines wachsenden Vegetationspunktes. Eine teilweise Regeneration junger Blätter und Blattstiele in der Nähe des Vegetationspunktes von *Helianthus annuus* hat Lopriore (1895, auch 1905) als erster beschrieben; genauere Schilderungen des Regenerationsverlaufs bei derselben Pflanze durch Peters (1897) und Kny (1905) zeigen sehr verwickelte Restitutionsvorgänge, bei denen neben Organ- und Strukturregeneration auch Strukturcallusbildungen vorkommen. Durch die Untersuchungen Linsbauers (1915) ist überhaupt zweifelhaft geworden, ob hier Strukturregenerationen vorliegen, oder ob die Bildungsgewebe des regenerierten »Ersatzvegetationspunktes« für die Neubildungen verantwortlich zu machen sind. Epidermisregeneration an den Wundkanten von *Polygonum cuspidatum* berichtet Peters (1897), und Massart (1898) beschreibt die Regeneration einer typischen Epidermis mit Haaren an jungen Blättern von *Lysimachia vulgaris*. Kaßner (1910) hat die Regeneration der Epidermis aus hochdifferenziertem Gewebe jugendlicher Organe zum Gegenstand einer ausführlichen Arbeit gemacht und bei *Quercus, Ulmus, Populus, Carya, Viburnum, Abies, Tilia, Vicia, Fuchsia, Osteospermum* und *Allium* festgestellt; Haarbildungen auf der regenerierten Epidermis fanden sich nur bei *Ulmus* und *Vicia*. Bei *Carya glabra* beobachtete Kaßner die Neubildung der bei dieser Juglandacee von allen Blatteilen am längsten meristematisch bleibenden Blattspitze und der benachbarten Zähne des Blattrandes. Während eine Beteiligung der unverletzten Epidermis an solchen Regenerationen meist unterbleibt, beschreibt Shoemaker (1911) die Ausbildung einer Lage von Spiralzellen durch tangentiale Teilung der einschichtigen Epidermis in den Antheren von *Hamamelis virginiana* nach örtlicher Zerstörung der Spiralzellenschicht. Pischinger (1902) machte echte Regeneration bei den Keimblättern von *Streptocarpus* und *Monophyllaea* — möglicherweise neben Callusbildungen — wahrscheinlich, die dann von Figdor (1907) einwandfrei nachgewiesen wurde; dieser zeigte, daß ein Ersatz der Spreite des längsgespaltenen Assimilationsapparates bei *Streptocarpus Wendlandi* und *Monophyllaea Horsfieldii*, der sich aus dem großen Keimblatt und dem sekundären laubblattähnlichen Zuwachs zusammensetzt, aus Zellen stattfindet, die noch meristematisch genannt werden können (vgl. auch Goebel 1908).

Einwandfreie Belege einer Sprossungsregeneration aus völlig differenzierten Geweben scheinen nicht vorzuliegen.

b) Ersatzregeneration.

Bei der Ersatzregeneration geht die Neubildung zwar auch von der Wundstelle aus, aber nicht durch Teilung und Auswachsen der unmittelbar oberflächlich gelegenen Zellen der Wunde. Die Restitutionsvorgänge sind daher hier stets von einer mehr oder minder tiefgreifenden Umordnung und Umgestaltung des Ausgangsmaterials begleitet. Auch hier kann Organ- und Strukturregeneration auseinander gehalten werden.

aa) Organregeneration.

Dieser Typus der Regeneration wurde zuerst von Němec in seiner Arbeit über die Regeneration der Wurzelspitze (1905) beschrieben. Es handelt sich um diejenigen Reparationsvorgänge, die er als »interkalare« Regeneration bezeichnet. In gewissen Fällen bildet sich der neue Vegetationspunkt nicht durch Sprossung von der Wundfläche aus, sondern mitten im darunterliegenden unverletzten Gewebe. Dabei stellt ein Teil der Zellen die Teilungstätigkeit ein und hypertrophiert, während andere in lebhafte Teilungen eintreten, deren Richtung und Aufeinanderfolge von der normalen durchaus abweicht, die aber in bestimmter räumlicher und zeitlicher Ordnung so verlaufen, daß trotz der Verschiedenartigkeit der Wunde ein radiäres Transversalmeristem entsteht. Die anormal erfolgenden Zellteilungen führen also eine völlige Umordnung der Gewebe der Regenerationsgrundlage herbei. Diese Regenerationsform findet sich bei genügend tiefen Einschnitten von schräg oben, mögen sie nun einzeln oder von zwei entgegengesetzten Seiten in gleicher Höhe erfolgen, ferner bei Ringelschnitten. Auch zwischen zwei selbständig entstandenen Regeneraten kann auf diese Weise interkalar eine dritte Anlage entstehen, die dann mit den beiden anderen zu einem einheitlichen Vegetationspunkt verschmilzt.

In ähnlicher Weise scheint bei den meisten Monokotylen und Dikotylen die Regeneration des Sproßvegetationspunktes vor sich zu gehen. Nach den Untersuchungen Linsbauers (1915) findet nach den verschiedensten Eingriffen (Stichen, Längseinschnitten und Querschnitten) an den Sproßvegetationspunkten der Keimlinge von *Helianthus* und *Phaseolus* und des Rhizoms von *Polygonatum* keine Sprossung am Wundrand statt, sondern ein bloßer Wundverschluß durch »Callusbildung«, während der übriggebliebene Teil des Vegetationspunktes (oberhalb der jüngsten Blattanlagen) sich zu einem »Ersatzvegetationspunkt« durch bestimmt gerichtete Zellteilungen umgestaltet. Dabei stehen die neuen Initialen nicht in genetischem Zusammenhang mit denen des verletzten alten Vegetationspunktes; so gehen die neuen Plerominitialen aus Abkömmlingen des ursprünglichen inneren Periblems hervor.

In beiden Fällen äußert sich der besondere Charakter dieses ganzheiterhaltenden Vorganges in der veränderten Teilungsrichtung der Zellen, die eine ganz andere Rolle innerhalb des neugebildeten Vegetationspunktes spielen, als dies im ursprünglichen der Fall gewesen wäre. In der Ordnung der einsetzenden Zellteilungsvorgänge liegt das teleologische Moment.

bb) Strukturregeneration.

Hierher gehören wohl sehr viel mehr Fälle von Restitution, als sich aus der vorliegenden Literatur mit Sicherheit erkennen läßt. Leider war Fragestellung und Methode vieler Arbeiten auf diesem Gebiet, besonders der zu praktischen Zwecken unternommenen, nicht dazu angetan, das Augenmerk der Untersucher auf die für die Analyse der Vorgänge wichtigen Tatsachen zu lenken. Die hier vorgeschlagenen Unterscheidungen lassen sich daher auf eine Anzahl von Arbeiten deshalb nicht anwenden, weil die hierfür notwendigen Angaben fehlen.

Nach dem Verlauf der Restitutionsvorgänge kann man zwei Arten von Strukturersatzregenerationen unterscheiden; bei der ersten geht die Regeneration von meristematischem Gewebe aus, bei der zweiten von Dauergeweben.

Zum Typus der ersten »meristematischen« Strukturregeneration kann man vielleicht die als »Bekleidung« bekannte Art der Wundheilung bei Waldbäumen stellen (vgl. z. B. Hartig 1900). Das gegen Verdunstung hinreichend geschützte Cambium wird zum Ausgang der Ersatzbildung bei Rindenverletzungen. Seine langgestreckten Zellen bilden durch Querteilung ein parenchymatisches Vernarbungsgewebe, das im Anschluß an den alten Holzkörper Holzzellen erzeugt (wegen der Kurzzelligkeit und des Mangels bzw. der Armut an Gefäßen als »Wundholz« gekennzeichnet), während seine äußersten Schichten eine Epidermis und ein parenchymatisches Rindengewebe ausbilden und darunter eine neue Bastregion entsteht, an deren Innenseite sich ein teilungsfähiges Cambium erhält. Bei Vertrocknung der Zellen des Cambiumringes kann die »Bekleidung« auch vom Markstrahlcambium ausgehen. Primär-regulatorisch (im Sinne von Driesch) kann dieser Vorgang deshalb nicht genannt werden, weil die Cambiumzellen anderes liefern, als sie normalerweise getan haben würden. Als Regeneration kann er freilich nur dann gelten, wenn alle Abkömmlinge des Cambiums in der Ersatzbildung aufgehen, im anderen Fall läge eine Struktur-callusbildung und zwar ein Cambiumcallus vor.

Wenn die Strukturregeneration in Dauergeweben einsetzt, so muß der Ersatzbildung eine Umdifferenzierung vorhergehen. Der häufigste Fall dürfte wohl der sein, daß durch diese Umdifferenzierung ein Meristem entsteht. Dieses Meristem (Cambium, Phellogen) erst erzeugt dann die fehlenden Gewebe. Diese Art der Strukturregene-ration, bei der die Entstehung eines Meristems aus Dauergewebe die Hauptsache darstellt, mag als »mittelbare« Strukturregeneration von der »unmittelbaren« unterschieden werden, bei der sich die Zellen ohne Vermittlung eines besonderen Bildungsgewebes direkt zu den Resti-tutionsprodukten umdifferenzieren.

Die häufigste Form der mittelbaren Strukturregeneration ist die Cambiumbildung. In seinen eingehenden Untersuchungen (1892, 1908) hat Vöchting die in Bertrands »Loi des surfaces libres« (1884) aus-gesprochene Tatsache der Ausbildung eines Meristems (»Zone généra-trice«) unter freien Oberflächen bestätigt und erweitert. Er zeigte, daß bei dem der künstlich gesetzten Oberfläche parallel entstandenen Cambium die Phloembildung der Oberfläche zu, die Xylembildung entgegengesetzt gerichtet ist. Für die Runkelrübe (1892) konnte er nachweisen, daß die Cambiumbildung nicht nur an der organischen Außenseite eines aus dem Zusammenhang gelösten Gewebekörpers, sondern auch, wenngleich schwieriger, an den Radial- und Innenwänden vor sich geht. Bei der Regeneration des Kohlrabi (1908) spielt die Cambiumrestitution gleichfalls eine große Rolle. Das an die Oberfläche verlegte Mark des Kohlrabi bildet mit Hilfe des Cambiums unter der Wundfläche kollaterale Bündel, während es sonst nur konzentrische Stränge aufweist.

Auch die Regeneration des abgeschälten Periderms eines Zweiges aus dem Rindenparenchym durch Phellogenbildung (Tittmann 1894) kann hierher gerechnet werden.

Unmittelbare Strukturersatzregeneration liegt vor, wenn beim Kohlrabi aus dem Mark eine »primäre Rinde mit allen Bestandteilen, mit grünem Parenchym, Sclerenchym, mit Collenchym und Hartbastzellen« unter der freien Oberfläche hervorgeht, die imstande ist, unter dem zuerst entstehenden Kork eine neue Epidermis mit Spaltöffnungen auszubilden (Vöchting 1908).

Bei der von Kaßner (1910) beschriebenen Verdoppelung des Leitbündelringes an gespaltenen Zweigen von *Abies concolor* scheint vorwiegend mittelbare, daneben wohl auch unmittelbare Strukturregeneration vorzuliegen; Genaueres läßt sich den vorliegenden Angaben nicht entnehmen.

2. Callusrestitution.

Diejenigen Reparationsvorgänge, bei denen ein besonderes Gewebe die Neubildung vermittelt und auch nach vollendeter Restitution, wenigstens teilweise erhalten bleibt, wurden oben als »Callusrestitutionen« bezeichnet. Frühzeitig hat man erkannt, daß im »Callus« mehr als ein bloßer Wundverschluß vorliegt; so hebt schon Hansen (1881) hervor, daß er nicht einfach »Schutzgewebe« sei, sondern »ein fortbildungsfähiges Gewebe eigener Art«. Neuerdings hat in ähnlicher Weise Reuber (1912) hervorgehoben, daß die Callusbildung »eine typische organisatorische Regulation« sei, deren Wesen darin bestehe, der Pflanze »ihre gestörte Geschlossenheit in sich und Abgeschlossenheit gegen die Umwelt« wiederzugeben.

Das für höhere Pflanzen charakteristische Callusgewebe ist ein fast gleichmäßig ausgebildetes Parenchym, dessen zartwandige, undifferenzierte Zellen keine typische Form der Anordnung aufweisen; wichtig ist seine Fähigkeit zur Meristembildung. Das Callusgewebe kann aus Meristemen wie aus Dauergeweben hervorgehen. Im ersteren Fall, beim »Cambialcallus«, gehen die Cambiumzellen aus der zweiseitigen Teilungsweise zu einer allseitigen über (vgl. Küster 1903) und zeigen schon dadurch an, daß die Restitution nicht auf dem Wege normaler Formbildung vor sich geht. Von den Dauergeweben der Pflanzen sind wohl alle überhaupt lebenden Gewebearten zur Callusbildung befähigt (Simon 1908), die unter Umdifferenzierung der »fertigen« Zellen vor sich geht. Daß der Callusproduktion eine Entdifferenzierung der restituierenden Zellen vorhergeht, wurde wohl erstmals von H. Crüger (1860) festgestellt; er beschreibt, wie an Teilstücken eines Blattes von *Sanseviera guineensis*, die als Blattstecklinge behandelt wurden, zunächst eine allgemeine Teilungstätigkeit der Zellen unter der Wundfläche einsetzt, die einen gewissen Abschluß schafft, worauf die Zellen aller Gewebe unter Entdifferenzierung, Auflösung der Verdickungsschichten der Zellwände usw. sich zu einem teilungsfähigen Gewebe umbilden, das schließlich einen Callus herstellt. An eine Reihe von Arbeiten über den genaueren Verlauf der Callusbildung bei höheren Pflanzen von Stoll (1874), Hansen (1881), Hoffmann (1885), Rechinger (1894), Tittmann (1895), Küster (1903) u. a. schloß sich die neuere eingehende Untersuchung von Simon (1908), welche Zusammensetzung und Entwicklung des Callus, seine Bildungsbedingungen sowie die damit zusammenhängenden Polaritätserscheinungen ausführlich behandelt.

Eine Trennung der Callusrestitutionen auf Grund der Entstehung aus Meristemen oder aus Dauergewebe erscheint um so weniger zweckmäßig, als ein und dasselbe Callusgebilde aus beiden Gewebearten zusammen entstanden sein kann; wesentliche Unterschiede im Verhalten von Cambial-, Rinden- oder Markcallus sind überdies nicht beobachtet worden.

Wichtiger dagegen ist der Unterschied, ob der Callus durch Bildung von Vegetationspunkten neue Wachstumszentren der restituierenden Pflanze schafft, oder ob er nur die zerstörte »fertige« Organisation wiederherstellt; im ersten Fall soll, entsprechend der Einteilung der Regenerationen, von Organcallusbildung, im zweiten von Struktur callusbildung gesprochen werden.

aa) Organcallusbildung.

Bei der Besprechung der Regeneration wurde mehrfach auf Vorgänge hingewiesen, die als »Übergangsformen« zur Callusrestitution bezeichnet werden könnten. Die Ausbildung einer Prolifikationen erzeugenden Vernarbungsmembran bei *Phycomyces nitens* und ähnliche Vorgänge bei zahlreichen Meeresalgen gehören hieŕher. Wenn Zellen an der Wundfläche von Laubmoosen, an Stengeln, Blättern, Rhizoiden (Massart 1898) und an Sporogonen (Stahl 1876), Pringsheim 1876) zu protonemaartigen Fäden auswachsen, an denen sich dann neue Moospflänzchen bilden können, so liegt ohne Zweifel eine Reparation vor. Da das verlorene Organ nicht unmittelbar wiedererzeugt wird, sondern ein Vermittlungsgewebe auftritt, kann von einer Regeneration nicht gesprochen werden; da das Protonema andererseits eine besondere Stufe des normalen Entwicklungsganges darstellt, die hier freilich an durchaus anormaler Stelle eingeschaltet wird, so mag auch hier einstweilen von einer Art »Übergang« von Regeneration zu Callusrestitution gesprochen werden.

Auch bei den Cormophyten finden sich derartige Übergangsformen. So wurde oben darauf hingewiesen, daß nach Němec (1905) bei Wurzelspitzen, denen man nach leichter Spitzenabtragung eine Glasnadel ins Plerom stößt, ein Ringwulst auftritt, der mit dem einseitig an ihm regenerierenden neuen Vegetationspunkt nicht mehr vollständig verschmilzt. Wenn der Dekapitationsschnitt etwas tiefer, nämlich dicht hinter der Zone der »partiellen Regeneration« geführt wird, so entsteht ein echter Callus, indem der sich bildende Ringwall überhaupt nicht mehr verschmilzt, sondern an einer oder mehreren (meist zwei) Stellen radiäre Vegetationspunkte erzeugt.

Bau und Entstehung der typischen Organcallusbildungen höherer Pflanzen kennen wir durch die Arbeit von Simon (1908). Die Ausgestaltung des parenchymatischen Callusgewebes, das durch die Tätigkeit eines Cambiums oder durch Umdifferenzierung aus den Dauergeweben von Rinde und Mark erzeugt wird, geht zum Teil unmittelbar vor sich, zum Teil durch Ausbildung von Meristemen. Es entstehen folgende Gruppen von Bildungsgeweben: die Sproß- oder Wurzelvegetationspunkte, die Cambien für den sekundären Zuwachs der Anschlußbahnen zu diesen Vegetationspunkten, ein Cambium, das die Fortsetzung und den Abschluß des normalen, unverletzten Cambiums bildet und zur »Wundholz«bildung übergeht, die Meristeme zur Produktion von Kork und hyperhydrischem Gewebe an den Außenflächen. Durch direkte Umbildung aus Calluszellen werden z. B. Sclerenchymzellen, ferner die Elemente der primären Anschlußbahnen zu den Vegetationspunkten erzeugt. Der zeitliche Verlauf der Callusbildung läßt sich nach Simon etwa folgendermaßen gliedern:

1. Hauptphase: a) Bildung des Callusparenchyms und Entstehung der durch direkte Umdifferenzierung gebildeten Sclerenchymzellen.

b) Entstehung der Vegetationspunkte und der von ihnen ausgehenden primären Anschlußbahnen zu dem unverletzten Leitungssystem.

2. Hauptphase (Wundholzbildung): a) Abhängig von der Meristembildung die Produktion sämtlicher zusammenhängender Holzkörper.

b) In lockerem Zusammenhang damit das Auftreten der Procambiumstränge für den sekundären Zuwachs der Anschlußbahnen.

Unabhängig von den Vorgängen der beiden Hauptphasen die Bildung der Meristeme für Kork und hyperhydrische Gewebe.

Das Schema »Anlage-Ausgestaltung«, das die tierischen Regenerationen kennzeichnet, bei den pflanzlichen aber weniger scharf hervortritt, weil hier eine besondere »Anlage« nur bei den Ersatzregenerationen erzeugt werden muß, ist hier wieder deutlich gegeben.

Eine Erörterung der Polaritätserscheinungen an den Callusbildungen ist ebensowenig am Platze als die der Entstehungsbedingungen der Callusgewebe. Es mag nur darauf hingewiesen werden, daß bei dem normalen apikalen Callus die Vorgänge der ersten Phase, beim basalen die der zweiten überwiegen und daß das wundholzbildende Cambium im Basalcallus viel stärker entwickelt ist als im apikalen. Während der apikale Callus nur Sproßanlagen erzeugt und (bisher) niemals Wurzelvegetationspunkte, kann am basalen Callus außer den Wurzelanlagen auch die Entstehung von Sprossen durch Unterdrückung der Sproßbildung am apikalen Ende erzielt werden.

Je nach den Bedingungen kann die Sproßbildung des apikalen Endes in ganz verschiedene Tiefe des Callus verlegt werden; während sie gewöhnlich exogen erfolgt, kann sie infolge vorangegangener Bildung von Kork oder hyperhydrischem Gewebe weiter nach innen verlegt werden, unter Umständen aus dem Meristem jener Gewebe selbst erfolgen, in anderen Fällen sogar vollständig endogen aus dem Meristem der Wundholzbildung. In dieser Entstehung der Sproßanlage aus beliebigem Querschnitt des Callusgewebes und aus seinen verschiedensten Bestandteilen liegt ein Hinweis darauf, daß es auch noch in weitgehend differenziertem Zustand ein äquipotentielles System darstellt.

Die Organcallusbildung ist ein ziemlich häufiger Vorgang; es finden sich daher auch zahlreiche Angaben darüber in der Literatur. Eine Reihe von Fällen beschreibt Vöchting (1878/84); aus den späteren Arbeiten mögen einige charakteristische Fälle herausgegriffen werden. Hansen (1881) beobachtete Callusrestitution mit Sproß- und Wurzelbildung bei Stecklingen von *Achimenes grandis* und *Begonia* Rex. Nach Goebel (1897) bilden Keimpflanzen von Erbsen nach Entnahme von Wurzel und hypokotylem Glied einen Callus mit einer neuen Wurzel, nach Entfernung des Sprosses einen Callus mit einem neuen Sproß. Die an der Stielbasis abgetrennten Blätter von *Torenia asiatica* lassen an der Wundstelle einen wurzelerzeugenden Callus entstehen (Winkler 1903). Die Ranken, Blätter und Internodialstücke von *Passiflora coerulea* bilden nach Winkler (1905) einen Callus, aus dem Wurzeln und weiterhin Sprosse hervorgehen. Auch an der Kartoffelknolle hat man neuerdings einen wurzelerzeugenden Callus beobachtet (Schlumberger 1913). Bei Stingl (1909) finden sich zahlreiche Beispiele von Organcallusrestitution bei den isolierten Blättern vieler Angiospermen, leider ohne genauere anatomische Angaben.

Die von Haberlandt (1877) bei Mais, Gartenbohne und Weizen beschriebene Restitution halbierter Samen zu zwei Pflänzchen wird wohl auch auf Callusrestitution beruhen, wie sich dies für die in derselben Arbeit beschriebenen Restitutionen an Keimpflanzen von *Phaseolus vulgaris* mit Sicherheit sagen läßt; genauere Angaben über diese Ganzbildungen halbierter Pflanzenembryonen fehlen leider, und Bestätigungen der Ergebnisse konnte ich in der Literatur nicht finden.

Auch bei den Pteridophyten ist Callusrestitution mehrfach festgestellt, so von Němec (1905) an dekapitierten Farnwurzeln, wo der Callus ein »Transversalmeristem« ausbildet, ohne daß es freilich zu einer Weiterentwicklung kommt, und von Goebel (1905a) und Bruchmann (1905) an dekapitierten »Wurzelträgern« der Selaginellen, wo im Innern des Callus zwar neue Wurzelanlagen aber keine neue Spitze restituiert werden.

Der »Überwallungswulst« der Laubholzstöcke (selten bei Nadelhölzern, so zuweilen bei *Abies*), der ein typischer Strukturcallus ist, kann dadurch zum Organcallus werden, daß er Sproßanlagen ausbildet, deren Bündel mit dem Holzkörper des Stockes in Verbindung treten (»Stockausschlag«). Diese gewöhnlich als »Adventivknospung« bezeichnete und mit verschiedenen anderen Erscheinungen zusammengeworfene Restitution wird deshalb als Organcallusbildung aufgefaßt werden dürfen, weil sie wenigstens theoretisch den Rest des gefällten Stammes zur Form- und Funktionseinheit ergänzt; praktisch ist dieser Stockausschlag freilich weniger wichtig, als der aus den sogenannten schlafenden Augen (Präventivknospen) hervorgegangene.

bb) Strukturcallusbildung.

Auch die Strukturcallusbildungen, denen die Erzeugung von Vegetationspunkten fehlt, sind in organisatorischer Hinsicht wesentlich mehr als ein bloßes Vernarbungsgewebe. Der eigentliche Wundverschluß geht ihrer Entstehung — wie bei vielen anderen Reparationen — meist voraus; bei Laubhölzern erfolgt die Bildung des Wundcallus häufig erst im Jahre nach dem Hieb und dauert jahrelang an.

Die Bedeutung der Strukturcallusbildung als einer Restitution ergibt sich sehr einleuchtend aus den Ergebnissen von Kny (1877) über die »künstliche Verdoppelung des Leitbündelkreises« im Sprosse von Dikotylen. Bei Arten von *Caprifolium, Sambucus, Syringa, Catalpa, Solanum, Ampelopsis, Sedum, Acer*, bei Hippocastaneen, bei *Impatiens* und *Prunus* brachte er einen durchgehenden Längsspalt an jungen Internodien dicht unter dem Vegetationspunkt so an, daß dieser unverletzt blieb. An beiden Spalthälften erfolgte aus Cambium, Mark und Rinde eine Bildung von Callusgewebe, das sich nach außen hin durch Kork abschloß, während in seinem Innern sich ein Cambium ausbildete, welches das Cambium der Spalthälften wohlgeordnet zu einem Kreis ergänzte und gleich jenem Xylemelemente nach innen, Phloemelemente nach außen erzeugte. Dieser Strukturcallus stellte also die Organisation in ihrer typischen Anordnung vollkommen wieder her; die Doppelbildung ergab sich dabei aus der Art der Versuchsanstellung.

Einen ganz ähnlichen Fall beschreibt Massart (1898) bei dem gespaltenen noch krautartigen Stengel von *Sambucus nigra*, wo im Markcallus bis zur Ergänzung eines Halbringes Gefäßelemente erzeugt werden.

In Peters Untersuchungen über die Restitution bei *Helianthus* (1897) liegt neben Organ- und Strukturregeneration eine deutliche Strukturcallusbildung vor. Bei den nach Anlage des Köpfchens verletzten Pflanzen tritt nur noch Callusbildung ein, bei welcher dann Zungenblüten und die obersten Deckblätter restituiert werden. Ähnliches war schon von Sachs (1874) beobachtet worden, und bei Kny (1905) findet sich eine Bestätigung dieses Ergebnisses.

Wahrscheinlich sind manche der oben angegebenen Strukturersatzregenerationen, möglicherweise alle an erwachsenen Teilen von Cormophyten erfolgenden, richtiger als Strukturcallusbildungen zu bezeichnen.

Eine außerordentlich häufige Form der Strukturcallusbildung ist die Entstehung des »Wundcallus« oder »Überwallungswulstes« der Holzgewächse. Außer in den Lehrbüchern der Pflanzenkrankheiten (z. B. Sorauer, 3. Aufl. 1909, Bd. 1, oder Hartig, 3. Aufl. 1900) findet sich eine Schilderung des Vorganges u. a. bei Voß (1904), bei Vöchting (1908), bei Krieg (1908) und bei Neeff (1914). Bei tiefer gehenden Verletzungen, bei denen eine »Bekleidung« infolge der Wegnahme, Vertrocknung oder örtlichen Fehlens (bei Astwunden) des Cambiums ausgeschlossen ist, bildet sich von Rinde und Cambium des Wundrandes her, häufig auch unter lebhafter Beteiligung des angeschnittenen Markstrahlparenchyms, ein parenchymatisches Callusgewebe aus, das sich durch Korkbildung nach außen hin abschließt und im Innern ein Cambium erzeugt, welches sich an das Sproßcambium anschließt und Leitbündelelemente liefert. Für die Entstehung dieses Cambiums gilt, wie besonders Vöchting und Neeff hervorheben, das »Gesetz der freien Oberflächen«. Die Wundgewebe zeigen häufig eine von den normalen abweichende anatomische Ausbildung (kurzzelliges, gefäßloses »Wundholz« ohne deutliche Markstrahlen usw.). Wo ein

Rindengewebe zartwandig und nicht von toter Borke bekleidet ist, verwachsen die zusammenstoßenden Überwallungsränder, häufig unter Ausquetschung des Rindengewebes, wobei die Cambiumschichten sich aneinander schließen. Bei den langlebigen Nadelholzstöcken, besonders von Weißtannen, Fichten und Lärchen, kann die ganze Hiebfläche zuwachsen. Da an solchen Callusbildungen der richtende Einfluß der Polarität der aus Sproß und Wurzel bestehenden unverletzten Pflanze fortfällt, so treten im Wundholz dieser Überwallungscalli jene Knäuel- und Wirbelbildungen auf, wie Mäule (1895) und Neeff (1914) sie ausführlich beschrieben haben.

II. Reproduktion (Neubildung).

Der kurze Überblick über die Reparationserscheinungen dürfte gezeigt haben, daß die häufig geäußerte Anschauung, im Pflanzenreich spiele die »Regeneration« neben der »Adventivbildung« kaum eine Rolle, jedenfalls bezüglich der Strukturrestitutionen nicht gilt. Für die Organrestitutionen ist es freilich richtig, daß der Ersatz an fremdem Orte, die »Reproduktion«, an Häufigkeit und Bedeutung die Reparationsvorgänge bei weitem überwiegt.

Der Einteilung der Reproduktionen soll der Umstand zugrunde gelegt werden, ob der Ersatz durch einen schon vorhandenen anderen »fertigen« oder doch »vorgebildeten« Teil der Pflanze erfolgt, der gewissermaßen die Rolle des ausgefallenen durch Umstaltung übernimmt, oder durch völlige Neubildung. Ein Vorgang der ersteren Art mag Kompensation, ein solcher der letzteren Adventivrestitution heißen. Unbedingte Freunde deutscher Fachausdrücke könnten im ersten Fall von »Übernahme«, im zweiten (mit Jost 1913) von »Neuentstehung« sprechen. Ich möchte bei dieser Gelegenheit betonen, daß es sich bei der Schaffung deutscher Fachausdrücke natürlich nicht um Übersetzung vorhandener Fremdwörter, sondern unabhängig von ihnen nur um eine möglichst treffende Bezeichnung der Sache handeln kann.

1. Kompensation (Übernahme).

Wenn der kompensatorische Ersatz durch ein anderes lebenstätiges Organ — d. h. durch Sproß, Wurzel und Blatt oder durch einen wach-

senden, in Formbildungstätigkeit begriffenen Vegetationspunkt — bewerkstelligt wird, so soll von »Organkompensation« oder »Kompensation im engeren Sinne« gesprochen werden. Der kompensatorische
Ersatz durch Auswachsen einer vorgebildeten »latenten« »Anlage«,
einer »Präventivbildung« im Sinne von Th. Hartig (1878) — d. h. einer
»schlafenden Knospe«, eines »ruhenden« Vegetationspunktes oder
meristematischen Zellkomplexes — soll »Anlagekompensation« oder
»Präventivrestitution« heißen.

Die Bezeichnung »Organkompensation« enthält das Wort »Organ«
im selben Sinn wie die Ausdrücke »Organregeneration« und »Organcallusbildung«; wenn bei ihnen nur von den Vegetationspunkten gesprochen wurde, so liegt das daran, daß die Reparation fertiger Sprosse
und Wurzeln eben nicht vorkommt, sondern stets durch die der Sproß-
und Wurzelvegetationspunkte geleistet wird. Der Gegensatz der Organ-
reparation zur Strukturreparation ist aber natürlich ein anderer als der
von Organkompensation zur Anlagekompensation; ersterer betrifft die
Ausdehnung und Bedeutung des wiederherzustellenden Organisations-
bestandteils, letzterer die bisherige Lebenstätigkeit des stellvertretenden
Teiles.

Ein deutsches Wort für Organkompensation wäre etwa »Vertretung«,
für Präventivrestitution »Neuentfaltung«.

a) Organkompensation (Vertretung).

Im Anschluß an die von Driesch (1908) gebrauchten Ausdrücke
soll unter »kompensatorischer Hypertrophie« eine Organkompensation ohne Änderung des morphologischen Charakters des restituierenden Organs, also durch bloßes vermehrtes Wachstum verstanden
werden, unter »kompensatorischer Hypertypie« dagegen die
kompensatorische Umbildung eines Organs zu einem solchen von anderem morphologischen Charakter. Die Entscheidung, zu welcher
Gruppe von »Vertretungen« ein Vorgang zu rechnen sei, ist nicht
immer einfach.

aa) Kompensatorische Hypertrophie.

Hierher gehört die von Goebel (1880) festgestellte Tatsache, daß
die Nebenblätter von *Vicia faba* bei frühzeitigem Entfernen der Blatt-

spreite zu ungewöhnlicher Größe heranwachsen und ebenso wohl auch die von K. Kraus (1880) festgestellte Verlaubung der Hochblätter von *Helianthus annuus* nach dem Entblättern der jungen Pflanze.

Das von Hering (1896) festgestellte kompensatorische Eintreten des kleinen »Keimblattes« von *Streptocarpus* für das abgeschnittene oder eingegipste große gehört nur in einem Teil der Fälle hierher, wie durch Pischingers Untersuchungen (1902) nachgewiesen wurde. Dieser zeigte, daß der Größenunterschied der Keimblätter und die Ausbildung des basalen Meristems beim großen Keimblatt, welches sich später durch Erzeugung eines sekundären, laubblattähnlichen Zuwachses weiter ausgestaltet, schon im Samen besteht und stellte fest, daß sowohl beim »einblättrigen« *Streptocarpus Wendlandi* als bei dem rosettenblättrigen *Streptocarpus Gardeni* zwei Arten kompensatorischer Restitution vorkommen. Nach dem Abschneiden oder Ausschalten des großen Kotyledo durch Eingipsen kann entweder einfaches Auswachsen des kleinen stattfinden — dann liegt kompensatorische Hypertrophie vor — oder das heranwachsende kleine Keimblatt bildet auch ein Meristem und durch dieses einen sekundären laubblattartigen Zuwachs aus —, dann muß von kompensatorischer Hypertypie gesprochen werden.

Während bei diesem Beispiel in der Neubildung des sekundären Gewebes an dem restituierenden Keimblatt ein Merkmal vorliegt, das erlaubt, zwischen kompensatorischer Hypertrophie und Hypertypie zu unterscheiden, ist dies in anderen Fällen schwieriger. Dies gilt z. B. für den kompensatorischen Ersatz der entnommenen Hauptwurzel durch eine Seitenwurzel. Die damit verknüpfte »Sinnesumkehr« des Tropismus bleibt außer Betracht, da hier eine kinetische Regulation vorliegt; die morphologischen Vorgänge der Umwandlung sind ausführlich von Boirivant (1897) dargestellt worden. Es handelt sich an dieser Stelle um diejenigen Fälle, wo schon vor dem Abschneiden der Hauptwurzel vorhandene Nebenwurzeln den Ersatz übernehmen, wie dies Boirivant z. B. für *Arachis* festgestellt hat. Es fragt sich nun, ob man die durch das Cambium vermittelten Umbildungsvorgänge — Vermehrung der Zahl und Größe der Gefäße, der Zahl der Markzellen und des sekundären Zuwachses und vor allem Erhöhung der Zahl der Bündelstreifen bis zum Typus der Hauptwurzel, welche mehr Bündelstreifen als die

3*

Nebenwurzeln besitzt — als so wesentlich anerkennt, daß man von einer Änderung des morphologischen Charakters des restituierenden Organs sprechen will. In diesem Fall wird man die Vertretung als Hypertypie, im anderen als Hypertrophie bezeichnen. Wo eine Vermehrung der Zahl der Bündelstreifen nicht eintritt, dürfte nur die letztere in Frage kommen.

bb) Kompensatorische Hypertypie.

Nicht nur gegen die kompensatorische Hypertrophie, wie in den zuletzt besprochenen Beispielen, sondern auch gegen die bloße morphologische Funktionsregulation ist die Abgrenzung der kompensatorischen Hypertypie in manchen Fällen nicht ganz einfach. Bei allen Restitutionen, allen Erhaltungen von Formganzheit, wird ja auch die Funktionsganzheit des Organismus wiederhergestellt; von der Anerkennung der morphologischen Selbständigkeit eines Organs kann es daher bei solchen kompensatorischen Vorgängen zuweilen abhängen, ob man ein bestimmtes Geschehen n u r als funktionserhaltend, als »Anpassung«, oder a u c h als formganzheiterhaltend, als »Restitution« ansieht. Beispiele dieser Art finden sich vor allem in V ö c h t i n g s Untersuchungen über die Physiologie der Knollengewächse (1897, 1900, zum Teil auch schon bei K n i g h t 1806). Wenn bei *Oxalis crassicaulis*, bei der Kartoffel oder bei *Dahlia variabilis* (1900) die Knolle durch die eigene Wurzelbildung in den Grundstock der Pflanze eingeschaltet wird, so sind die hierbei auftretenden Differenzierungsprozesse als »Anpassung« an die neue Funktion der Stoffleitung, also als Funktionsregulation und nur als solche, aufzufassen. Um ganz dasselbe Problem nach der Seite der Funktionsregulationen handelt es sich, wenn der bewurzelte Blattstiel von *Torenia asiatica* in W i n k l e r s Versuchen (1908) die Funktion des Stengels übernehmen muß, weil er die Stoffleitung für die auf dem isolierten Blatt adventiv entstandene Pflanze zu leisten hat, und wenn dies durch reichliche Gefäßbildung erreicht wird. Etwas darüber Hinausgehendes und offenbar Restitutives liegt aber darin, daß in diesem Blattstiel sich schon differenzierte Parenchymzellen zu Cambiumzellen umbilden, und daß die Neubildung dieses Cambiums so erfolgt, daß ein vollständiger Cambiumring zur Erzeugung sekundärer Gewebe

— wie in einem Stengel — entsteht. Der Blattstiel hat nicht nur die Funktion eines Stengels übernommen und sich dementsprechend verstärkt, sondern er ist auch seiner Organisation, seiner inneren Form nach ein Stengel geworden. Dieser Vorgang der Vertretung des ausgeschalteten Stengels durch den Blattstiel muß daher als Restitution, und zwar vom Typus der kompensatorischen Hypertypie, bezeichnet werden. In ähnlicher Weise hat Löhr (1909) bei Blattstielpfropfungen mit *Achyranthes Verschaffelti* die anatomische Umwandlung des stecklingtragenden aufgerichteten Blattstiels in einen Stengel durch Ausbildung eines geschlossenen Holzrings beobachtet.

Verhältnismäßig schwierig ist die Grenzbestimmung wieder bei jenen Versuchen Vöchtings, bei denen nach Entnahme der Knollen andere Organe zur Knollenbildung übergingen. Wenn infolge der erheblichen Stärkeanhäufung eine Knollenbildung durch Volumvergrößerung der stärkeerfüllten Parenchymzellen zustande kommt wie bei den verschiedenen Ausläuferinternodialknollen und den Blattknollen von *Oxalis crassicaulis* (1900) oder durch Volumvergrößerung und einfache Zellvermehrung, wie dies augenscheinlich bei den oberirdischen Ausläufer- und Sproßknollen der »stärkekranken« Kartoffelpflanzen (1887) der Fall ist, wird man kaum geneigt sein, darin mehr als eine Funktionsregulation, eine Anpassung an vermehrte Stoffspeicherung zu sehen. Wenn dagegen, wie bei der Ersatzknollenbildung von *Helianthus tuberosus* (1887, 1900) nach Entfernung der Knollen in bestimmten Abschnitten der Hauptachse, in Knospen der Hauptachse und in der Wurzel das Cambium statt der Elemente des festen Holzkörpers ein typisches zartwandiges Knollenparenchym liefert, hierin unterstützt durch die Teilungstätigkeit der Zellen der primären Rinde, so wird man dies als Restitution ansprechen müssen. Das gleiche gilt für die Sproß- und Wurzelknollen von *Boussingaultia baselloides* (1900), welche stellvertretend entstehen, indem durch Zellteilungen in Cambium, Mark und Rinde ein typisches Speichergewebe erzeugt wird, wobei zugleich in der Rückbildung der überflüssig gewordenen mechanischen Zellen (Holzzellen des Xylems und Bastzellen des Phloems) eine regulatorische Reduktion vorliegt. Die veränderte formbildende Leistung des Cambiums, das in beiden Fällen ein für Knollengebilde kennzeichnendes Gewebe liefert, berechtigt dazu, in diesen Regulationen auch einen Ersatz der entnommenen Organe ihrer Form nach zu sehen; beide sind daher als kompensatorische Hypertypien zu bezeichnen.

Die Umbildung des kleineren Keimblatts von *Streptocarpus* im Sinne des ausgeschalteten größeren durch Meristembildung und Sekundärzuwachs wurde schon im letzten Kapitel besprochen.

Wenn bei *Cyclamen* (Goebel 1902, 1908) der abgeschnittene Vegetationspunkt in gewissem Sinne ersetzt wird durch das Hypokotylknöllchen, sofern dieses Blätter ausbildet, während dies sonst nur an Sproßvegetationspunkten möglich ist, so liegt auch hier eine kompensatorische Hypertypie vor.

Auch Kompensationen durch Umgestaltung eines in voller Wachstumstätigkeit befindlichen Vegetationspunktes, also Umgestaltungen wachsender Achsen, Rhizome, Ausläufer, Wurzeln usw., sollen hier eingeordnet werden.

Goebel (1908) hat in einleuchtender Weise gezeigt, daß bei der kompensatorischen Umwandlung von Seitensprossen in Hauptsprosse das Radiärwerden etwas ganz anderes ist als das Orthotropwerden, d. h. das Annehmen der Vertikalrichtung; man wird die begriffliche Scheidung des morphologischen Vorgangs von dem kinetischen auch da aufrecht erhalten müssen, wo die experimentelle Trennung noch nicht möglich ist. Ein treffendes Beispiel bietet eine Beobachtung Goebels an *Araucaria Cunninghami*; eine Anzahl von Seitentrieben einer Pflanze, deren Haupttrieb offenbar verloren gegangen, aber wiederersetzt worden war, zeigte radiäre Verzweigung ohne gleichzeitigen Übergang zur Vertikalrichtung. Allgemein wird man also das Radiärwerden beim Eintreten eines Seitensprosses für den Hauptsproß als kompensatorische Hypertypie bezeichnen dürfen. Auch das Radiärwerden gepfropfter Seitenzweige der Silberfichte (*Picea pungens*) nach Verwachsung mit der Unterlage sowie das Radiärwerden nachträglich bewurzelter Seitenäste von Fichten, welche durch die Bewurzelung gewissermaßen »ganz« geworden waren, gehört hierher (Goebel 1908).

Bei jungen Pflanzen (Keimpflanzen) von *Tylosepalum aurantiacum* (Raciborski 1900) und *Phyllanthus lathyroides* (Goebel 1908), bei welchen der Unterschied zwischen Haupt- und Seitenachsen nur in der Blattanordnung besteht, wandeln sich nach Entnahme aller Hauptsprosse und aller der Hauptsproßbildung fähigen Anlagen Seitensprosse mit zweizeiliger Blattstellung in Hauptsprosse mit mehrzeiliger Beblätterung um.

Bei *Opuntia brasiliensis* kann der Vegetationspunkt eines abgetrennten flachen Seitensprosses sofort in einen zylindrischen Hauptsproß übergehen (Goebel 1908).

Auch die Umwandlung der Infloreszenzachse in einen beblätterten Laubtrieb, wie sie Klebs (1903, 1906) und Goebel (1908) bei *Veronica*-Arten, ersterer auch bei *Myosotis palustris* und anderen Pflanzen erhielten, wenn junge Blütenstände nach Entnahme aller übrigen Vegetationspunkte an dem Laubtrieb belassen oder unter Entfernung der neu austreibenden Seitenzweige als Stecklinge kultiviert wurden, ist hier zu erwähnen. Dem entspricht das vegetative Weiterwachsen abgeschnittener, als Stecklinge kultivierter Sporangienstände von *Selaginella lepidophylla*, *S. inaequalifolia*, *S. uncinata* u. a. unter Bildung der anisophyllen Laubblätter an Stelle der isophyllen Sporenblätter (Goebel 1880, Behrens 1897), sowie die Vergrünung der wachsenden Sporophyllanlagen von *Onoclea Struthiopteris* nach Entfernung aller vorhandenen Laubblätter (Goebel 1887).

Das Weiterwachsen der Rhizome von *Yucca* und *Cordyline* als Laubsprosse nach dem Abschneiden des bisherigen Laubsprosses (Sachs 1880, 1882) und die entsprechende Umwandlung junger, abgetrennter unterirdischer Ausläufer von *Circaea intermedia* in Laubsprosse und oberirdischer beblätterter Äste nach Entfernung aller unterirdischen Ausläufer in Ausläufer (Goebel 1880, 1908) stellen gleichfalls kompensatorische Hypertypien dar, die freilich wie die Vertretung der Hauptwurzel durch eine Nebenwurzel oder des Hauptsprosses durch einen Seitentrieb verbunden sind mit der Erscheinung der »Umstimmung«, d. h. mit einer kinetischen Formregulation.

Weiterhin mag noch der Übergang der »Wurzelträger« der Selaginellen in beblätterte Sprosse nach Abschneiden der Sproßachsen (Behrens 1897) oder »Inaktivieren« derselben durch Einlegen junger Sproßstücke in Wasser (Pfeffer 1871) genannt werden.

Die teilweise Umwandlung der Blattrankenanlagen der Erbse in Laubblätter nach dem Abschneiden aller Blätter und Teilblättchen (Mann nach Goebel 1904) gehört ebenso hierher wie die Umbildung der Dornanlagen bei *Prunus spinosa* zu Langsprossen nach dem im Frühjahr erfolgten Abschneiden eines Langsprosses in geeigneter Höhe (Vöchting 1884), da es sich in beiden Fällen um Vorgänge an bereits wachsenden Teilen handelt, deren Entwicklung nicht erst durch den Eingriff ausgelöst, sondern nur in ihrer Richtung bestimmt wird.

b) Anlagekompensation (Präventivrestitution, Neuentfaltung).

Der kompensatorische Ersatz durch eine »latente Anlage« — einen Meristemkomplex, einen »ruhenden«, d. h. noch nicht formbildungstätigen Vegetationspunkt oder einen ruhenden jungen Sproß (eine »schlafende Knospe«) — wurde als Präventivrestitution oder Anlagekompensation bezeichnet.

Wenn bei einem solchen Wiederherstellungsvorgang der restituierenden Anlage ein bestimmter Formwert noch nicht zukam, oder wenn ihr Formwert bei der Neubildung erhalten bleibt, so soll die Regulation als »kompensatorische Anlageausgestaltung« bezeichnet werden. Geht die Präventivrestitution dagegen unter Änderung des gegebenen morphologischen Charakters der Anlage vor sich, so soll sie »kompensatorische Anlageumgestaltung« heißen. Im ersteren Fall handelt es sich um bloße Wachstumsvorgänge, um einfache »Differenzierung«, während im letzteren eine »Umdifferenzierung« vorliegt. Es gründet sich diese Einteilung also auf dieselbe Unterscheidung wie die in kompensatorische Hypertrophie und Hypertypie.

aa) Kompensatorische Anlageausgestaltung.

Bei den Lebermoosen und Laubmoosen erfolgt der Ersatz abgeschnittener Sproßteile durch besondere »Brutorgane« (»Brutknospen«) oder durch ruhende Astknospen. Die Arbeiten von Schostakowitsch (1894) und Correns (1899) enthalten zahlreiche Beispiele. Der Unterschied zwischen beiden Knospenarten ist so gering, daß man mit, Schostakowitsch die Brutknospen einfach als losgelöste Astknospen bezeichnen kann. In beiden Fällen treten zunächst vorkeimartige Zellfäden oder Zellkörper auf; zuweilen, wie bei *Hookeria quadrifaria*, entsteht aus sonst Brutknospen bildenden »Initialen« bei der Restitution Protonema (Correns). Manchmal entstehen die Restitutionsprodukte an bestimmten Stellen, die als besonders »vorgebildete« nicht im voraus erkennbar sind, aber doch offenbar stets als »meristematische Komplexe« an der normalen Pflanze erhalten bleiben. So erfolgt die Restitution bei *Riccia fluitans* und *R. natans* unter den »Schuppen« der Unterseite (Schostakowitsch). Die Grenze zwischen Präventivrestitution und Adventivrestitution wird in solchen Fällen zuweilen schwer zu ziehen sein, denn die letztere tritt häufig an bestimmten Teilen der Pflanze deshalb regelmäßig auf, weil dort günstigere Ernährungsverhältnisse herrschen, ohne daß jedoch von einer anatomisch vorgebildeten »Anlage« (wie bei den Präventivrestitutionen) gesprochen werden könnte. In dieser Weise ist es z. B. aufzufassen, wenn bei *Blyttia Lyellii* die neugebildeten Sprosse vorzugsweise am vorderen Ende der Mittelrippe auftreten: hier liegen Adventivrestitutionen vor, die durch den Nahrungsstrom lokalisiert werden (Goebel 1908).

Auch bei Farnen sind kompensatorische Anlageausgestaltungen festgestellt. Auf den Primärblättern von *Ceratopteris thalictroides* bilden sich nach Bally (1909) normalerweise »Adventivknospen« (also »Präventivknospen« im Sinne Hartigs und der hier vertretenen Bezeichnungsweise), welche unter normalen Umständen nicht keimen, die aber austreiben, wenn das Blatt abgetrennt oder seine Gefäßbündel durchschnitten werden oder wenn der Stammscheitel der Pflanze entfernt wird. Ohne Zweifel wird ein ähnliches Verhalten auch bei älteren Farnblättern vorkommen, da ja die Entstehung ruhender blattbürtiger Präventivknospen verhältnismäßig häufig ist, die dann entweder, wie bei *Asplenium bulbiferum* an der Fiederbasis auftreten oder wie bei *Adiantum Edgeworthii*, *Aneimia rotundifolia* u. a. an der Blattspitze und häufig erst auf bestimmte Reize hin (Feuchtigkeit, Benetzung usw.) austreiben (vgl. z. B. Goebel 1902, 1904).

Außerordentlich häufig ist die kompensatorische Anlageausgestaltung bei den Phanerogamen. Von den »ruhenden Knospen« unserer

Waldbäume, die Th. Hartig (1878) als »Präventivknospen« den an beliebiger Stelle des erwachsenen Baums neu entstehenden »Adventivknospen« gegenüberstellte, ist ja die Bezeichnung »Präventivrestitution« gewählt worden. Diese Präventivknospen der Bäume sind nun nichts anderes als Achselsprosse, die vom ersten Lebensjahr des betreffenden Stammteiles an vorhanden sind und die auf früher Entwicklungsstufe ihr Wachstum eingestellt haben; in diesem Ruhezustand können sie sich, besonders bei glattrindigen Stämmen (Rotbuche) bis über 100 Jahre erhalten. Solche »latenten« Präventivachselknospen sind aber auch bei den Kräutern überaus häufig. Goebel beschreibt schon 1880 eine typische Präventivrestitution in dem Austreiben der Achselknospe nach dem Abschneiden des Gipfelsprosses, und zahlreiche ähnliche Beispiele finden sich in seinen späteren Arbeiten. Zur Aufhellung der inneren Bedingungen dieses Vorgangs hat besonders auch Mc Callum (1905) beigetragen. Zur Veranschaulichung mag erwähnt werden, daß der entfernte Hauptsproßvegetationspunkt von *Araucaria excelsa* durch eine schlafende Knospe des Hauptsprosses ersetzt wird, ein Seitensproßvegetationspunkt durch eine Präventivknospe des Restes dieses Seitensprosses (Goebel 1896, Vöchting 1904), und daß ein Austreiben schlafender Knospen des Gipfelsprosses nach seiner Ringelung unterhalb der Ringelungsstelle auftritt (Errera 1905); im letzteren Fall wirkt die Ringelung also ebenso wie ein Entfernen des Vegetationspunktes. *Phyllanthus lathyroides* ersetzt den Gipfel des Hauptsprosses durch eine aus dem Winkel zwischen der Hauptachse und dem obersten Seitensproß entspringende Knospe (Goebel 1896). Zahlreiche Beispiele finden sich in Goebels »Experimenteller Morphologie« (1908), aus denen die vier folgenden herausgegriffen sind. Bei *Phaseolus vulgaris* und *Ph. multiflorus* können Seitensprosse auch in den Achseln der Keimblätter, wo sie sonst nicht entstehen, erzeugt werden durch Abschneiden des darüber befindlichen Sproßteils. Der sonst unverzweigte Laubsproß von *Hippuris vulgaris* bildet nach dem Abschneiden des Gipfels einen oder mehrere Seitensprosse aus ruhenden Blattachselknospen. Trennt man bei *Cordyline terminalis* den oberirdischen Sproßteil vom Rhizom, so ergänzen beide Teile das Fehlende aus einer ruhenden Knospe. Bei *Opuntia* und bei *Jussiaea saliciflora* bilden sich an Blüten nach ihrer Abtrennung Laubsprosse aus den Achseln der Blätter an der Fruchtknotenaußenseite.

Auch an Blättern kommen Präventivbildungen vor; die wohl am besten untersuchten Beispiele bieten *Bryophyllum calycinum* und *Br. crenatum* (Wakker 1885, de Vries 1890, Goebel 1902, 1908, Klebs 1904, Mathuse 1906) sowie *Cardamine pratensis* (Hansen 1881, Goebel 1898, 1908, Riehm 1905). Bei den *Bryophyllum*-Arten besitzen die Blätter in den Knoten des Blattrandes Gruppen meristematischer Zellen, die zu Sprossen austreiben, wenn man alle Sproßvegetationspunkte entfernt oder das Blatt abschneidet und unter Unterdrückung der Wurzelbildung als Steckling benutzt (wobei ihm ja auch die Vegetationspunkte fehlen) oder schließlich nach Durchschneidung des Mittelnerven am Blattgrunde, wodurch die Verbindung mit den Vegetationspunkten gleichfalls aufgehoben wird (Goebel 1902, 1908). Bei *Cardamine pratensis* finden sich Gruppen teilungsfähig gebliebener Zellen an der Basis der Fiederblättchen, zuweilen auch an Verzweigungsstellen der Blattnerven (Riehm 1905), die unter denselben Bedingungen wie bei *Bryophyllum crenatum* auskeimen können; daneben finden sich aber auch Adventivrestitutionen. Auch hier kann nur eingehende Untersuchung lehren, ob die Nähe der Leitungsbahnen die Rückkehr von Dauerzellen in den teilungsfähigen Zustand erleichtert, ob also Adventivrestitution vorliegt, oder ob die betreffenden Zellen von Anfang an undifferenziert, teilungsfähig bleiben, so daß es sich um Präventivrestitution handelt. Das Austreiben der Präventivbildungen auf gewisse äußere und innere Bedingungen hin (hohe Feuchtigkeit, großer Gehalt an organischen Nährstoffen usw.) ohne Abtrennung oder Verletzung ist natürlich nicht als Restitution aufzufassen, wenn es sich auch in kausaler Hinsicht um einen gleichartigen Vorgang handelt. Bei den Restitutionen an *Begonia*-Blättern nach Entfernung der Vegetationspunkte oder Blattabtrennung entstehen die neuen Sprosse zwar auch besonders häufig an bestimmten Stellen des Blattes, doch liegen hier, ähnlich wie bei *Blyttia* unter den Moosen, offenbar Adventivrestitutionen vor, deren Örtlichkeit durch Ernährungsverhältnisse u. dgl. bestimmt wird. Trennt man das dreiteilige Blatt von *Atherurus ternatus* ab und entfernt außerdem die blattstielständige Zwiebel, so entsteht aus einer meristematischen Zellgruppe am Grunde der Teilblättchen ein Zwiebelchen (Hansen 1881). Bei *Utricularia montana* und *U. longifolia* bleibt die Blattspitze, der Ort normalen Blattwachstums, längere Zeit teilungsfähig, so daß sie beim Abschneiden des Blattes auswachsen und einen Ausläufer mit Blättern hervorbringen kann; in gewissem Sinn nähert sich dieser Vorgang einer kompensatorischen Anlageumgestaltung, von der er sich aber darin unterscheidet, daß die meristematischen Zellen normalerweise kein andersartiges Organ gebildet hätten.

Auch das Vorhandensein latenter Wurzelanlagen ist schon lange bekannt. Trécul (1846) und Vöchting (1878, 1884) beschreiben solche vorgebildeten, bei Verletzungen austreibenden Wurzelanlagen, z. B. an den Zweigen gewisser Weidenarten, von *Salix viminalis*, *S. pruinosa* u. a. Bei *Vicia faba* finden sich latente Wurzelanlagen im Wurzelsystem (Goebel 1908); ruhende Wurzelanlagen im Sproßsystem, über welche Goebels »Experimentelle Morphologie« gleichfalls zahlreiche Angaben enthält, sind besonders bei Pflanzen feuchter Standorte recht häufig.

bb) Kompensatorische Anlageumgestaltung.

Der Ersatz eines ausgeschalteten Organs durch Auswachsen einer Anlage, die normalerweise ein anders gestaltetes Organ geliefert hätte, wurde oben als kompensatorische Anlageumgestaltung bezeichnet.

Die Umbildung von Knospenschuppenanlagen an ruhenden Knospen gehört hierher. Wird die Endknospe von *Prunus padus* zur Zeit des Auswachsens der Jahrestriebe entfernt oder der Trieb entblättert, so treiben die Achselknospen der Blätter, die sich sonst erst im nächsten Jahre entfaltet hätten, aus und bringen statt der Knospenschuppen Laubblätter oder doch Mittelbildungen hervor (Goebel 1880).

Ähnlich liegen die Verhältnisse bei den *Pinus*-Arten, wo sich kompensatorische Umgestaltungen sowohl an den Anlagen der Langtriebe, den »Spitzenknospen«, als auch an denen der Kurztriebe, den »Scheidenknospen«, abspielen können. Wird der Gipfel einer Kiefer zerstört, so daß alle Spitzenknospen vernichtet sind, so treiben mehrere dem Scheitel benachbarte Scheidenknospen aus und bilden an Stelle der Knospenschuppen Nadeln oder doch Zwischenbildungen. Bleibt eine

Spitzenknospe erhalten, so treibt sie aus, erzeugt an ihrem unteren Teil wie normal braune Knospenschuppen mit Kurztrieben in den Achseln, die jedoch stark vergrößerte Nadeln haben, während nach oben zu an dem jungen Langtrieb Mittelbildungen zwischen Knospenschuppen und Nadeln und schließlich oben saftige, grüne Nadeln entstanden sind, wie sie an einem Langtrieb bei *Pinus* sonst nur im Keimpflanzenstadium vorkommen (Goebel 1908).

Hierher gehört auch die Umbildung von Ausläuferknospen an der unterirdischen Sproßachse von *Circaea intermedia* zu Laubsprossen (Goebel 1880), die zugleich von einer kinetischen Restitution begleitet wird, da die bereits transversalgeotropisch induzierten Knospen nach aufwärts wachsen. Bei *Stachys tuberifera* und *St. palustris* bilden oberirdische Knospen von Stecklingen, deren unterirdische Knospen entfernt wurden, sich zu oberirdischen Rhizomen um (Vöchting 1889). Nach Entfernung aller Sproßvegetationspunkte von *Cucurbita* wandeln sich bestimmte oberirdische Wurzelanlagen zu Knollen von sproßähnlichem Bau um (Sachs 1880). Neu entstandene Nebenwurzelanlagen von *Faba, Ricinus* usw. können beim Abschneiden der Hauptwurzel sich zum morphologischen Typus einer Hauptwurzel (Gefäßbündelanordnung usw.) umbilden (Boirivant 1897). Bei Farnen sind solche Fälle von kompensatorischer Anlageumgestaltung gleichfalls beobachtet. Schneidet man bei *Asplenium obtusilobum* die Spitze eines der vegetativen Vermehrung dienenden »Ausläuferblattes« ab, so bildet die erste Blattanlage seiner jüngsten Knospe, die sonst ein fiederteiliges Laubblatt geliefert hätte, sich zu einem Ausläuferblatt (oder zuweilen zu einer Mittelbildung) aus (Kupper 1906).

Verwickelter werden die Verhältnisse, wenn in den Verlauf andersartiger Restitutionen kompensatorische Vorgänge eingreifen. In dieser Weise läßt es sich deuten, daß am Basalcallus eines oben und unten aus einem Sproß herausgeschnittenen Stecklings Sproßanlagen nur dann auftreten, wenn man die Sproßbildung am apikalen Callus unterdrückt. Der Sproßvegetationspunkt entsteht aus dem meristematischen Gewebe, das im Basalcallus vorhanden ist, an Stelle eines Wurzelvegetationspunktes, der sich sonst gebildet hätte; und er entsteht dann, wenn die Ausbildung der Sproßvegetationspunkte am apikalen Callus verhindert wird. Man kann dieses Verhalten daher wohl den kompensatorischen Anlageumgestaltungen anreihen.

2. Adventivrestitution.

Die Bezeichnung »Adventivbildung« geht auf Du Petit-Thouars (1809) zurück, der unter den »bourgeons adventives« die weder end- noch achselständigen Knospen versteht. Bei ihm handelt es sich noch um einen Ausdruck der beschreibenden Morphologie; über Zeitpunkt oder Bedingungen der Entstehungen dieser Knospen ist damit nichts ausgesagt. Eine schärfere Grenzbestimmung erhielt der Kreis der Adventivbildungen, als Th. Hartig (1878) ihnen die in unverletzter Rinde fertig angelegten »Präventivknospen« (bei den Bäumen meist Achselknospen) scharf gegenüberstellte. Ihrer Entstehung nach kenn- zeichnete J. Sachs (1878/79) die Adventivbildungen als im Dauer- gewebe entstehende neue Vegetationspunkte. So soll dieses Wort auch hier verstanden werden, nur muß die Wendung »neue Vegetations- punkte«, welche eine Einschränkung auf höhere Pflanzen enthält, etwa durch das allgemeinere »Neubildungen« ersetzt werden.

Präventivbildungen und Adventivbildungen haben danach gemein- sam, daß sie nicht schon im normalen Entwicklungsgang einer Pflanze zur vollen Entwicklung kommen, sondern erst nachträglich, und nur unter gewissen äußeren Bedingungen, hervortreten; die ersteren werden aber in der normalen Entwicklung bereits angelegt — als Initialzelle, Meristemkomplex, ruhender Vegetationspunkt oder ruhende Knospe —, während die letzteren auf Grund jener Bedingungen völlig neu ent- stehen. Die Präventivbildungen erfolgen daher durch einfache Diffe- renzierung von Meristemzellen, die Adventivbildungen dagegen durch eine Umdifferenzierung von Dauerzellen, und zwar gewöhnlich zunächst zu Meristemzellen.

Nicht das Auftreten aller solcher Adventivbildungen wird als Adventivrestitution bezeichnet; so kann man es natürlich nur dann nennen, wenn hierdurch die gestörte Formganzheit einer Pflanze wieder- hergestellt wird. Eine weitere Einschränkung erfährt der Begriff da- durch, daß die Neubildungen an der Wundstelle (Regenerationen und Callusrestitutionen) ausgeschlossen bleiben, so daß er sich nur auf solche

an fremdem Orte, auf Reproduktionen, bezieht. Dabei muß darauf
hingewiesen werden, daß Fälle vorkommen können, wo Grenzbestim-
mungen zwischen Adventivbildungen und Reparationen, etwa Ersatzregenerationen, schwierig werden, da es infolge der geringen Entfernung
des Restitutionsproduktes von der Wunde zweifelhaft sein kann, ob
z. B. ein Vegetationspunkt »an fremdem Orte« oder »im Bereich der
Wunde« entsteht. Die Bezeichnung bleibt hier mehr oder minder
willkürlich.

Die Angaben über »Adventivbildungen« in der botanischen Literatur umfassen außer den hier definierten Vorgängen meist noch die
Präventivbildungen, die Callusrestitutionen und manches andere mehr;
wo eine genaue Beschreibung der Entstehung fehlt, ist bei der Beur-
teilung Vorsicht geboten.

Wie bei den Reparationsvorgängen die Wiederherstellung von
selbständigen Organen bzw. Vegetationspunkten als Organregeneration
und Organcallusbildung den Strukturregenerationen gegenübergestellt
wurde, so kann man auch »Organadventivbildung« und »Struk-
turadventivbildung« unterscheiden. Bei den Pteridophyten wird
man auch die restitutive Erzeugung eines Prothalliums, bei den Moosen
die Entstehung von Moosknospen oder Thalluskörpern unter Vermittlung von Vorkeimstadien zu den Organadventivbildungen stellen.

Zusammenstellung der vorgeschlagenen Bezeichnungen.

Eine kurze Rückschau auf die Bedeutungen, in welchen die wichtigsten teleologischen Begriffe festgelegt und verwendet wurden, soll
den Abschluß dieser Übersicht der pflanzlichen Restitutionen bilden.

Regulation heißt die Ganzheiterhaltung des Organismus gegenüber »Störungen«, d. h. teilweisen Aufhebungen dieser Ganzheit durch
anormale äußere Bedingungen.

Restitutionen sind Regulationen der Formganzheit. Erfolgen sie
selbst durch Formbildungsvorgänge, so heißen sie morphologische,
erfolgen sie durch Bewegungen, kinetische Restitutionen. Die weitere
Einteilung betrifft die morphologischen Restitutionen.

Bei der Totalrestitution beteiligt sich der ganze Rest des Organismus an den Umgestaltungsvorgängen zur Wiederherstellung der Formganzheit, bei der Partialrestitution nur Teile des Organismus. Alle weiteren Begriffe gelten für Partialrestitutionen.

I. Reparation (Wiederbildung): Ersatz der gestörten Struktur am selben (= normalen) Ort.

II. Reproduktion (Neubildung): Ersatz der gestörten Struktur an anderem (= anormalem) Ort.

I. Die Reparationen zerfallen in Regenerationen, bei denen alle Ersatzgewebe vollständig in der wiederhergestellten normalen Struktur aufgehen, und in Callusrestitutionen, bei denen ein die Formwiederherstellung vermittelndes Wundgewebe wenigstens teilweise auch nach vollendeter Restitution noch erhalten bleibt.

Sprossungsregeneration heißen Regenerationen, die durch Zellteilungs- und Wachstumsgeschehen unmittelbar von der Wundfläche aus bewerkstelligt werden, während der Ersatz durch innere Umdifferenzierung der im Bereich der Wunde übriggebliebenen — auch tiefer gelegenen — Gewebe ohne Beziehung zum Wundverschluß selbst als Ersatzregeneration bezeichnet wird.

Organregenerationen und Organcallusbildungen stellen gestörte Wachstumszentren der Pflanze (Vegetationspunkte) wieder her, während Strukturregenerationen und Strukturcallusbildungen die Strukturen »fertiger« Gewebe (bzw. Zellen und Zellteile bei niederen Pflanzen) reparieren. Derselbe Unterschied besteht zwischen Organ- und Strukturadventivrestitutionen unter den Reproduktionen).

II. Bei den Reproduktionen erfolgt der Ersatz entweder als Kompensation (Übernahme) durch einen schon vorhandenen »fertigen« oder doch »vorgebildeten« Teil des Organismus oder als Adventivrestitution (Neuentstehung) durch vollständige Neubildung.

Der kompensatorische Ersatz eines lebenstätigen Organs — eines Sprosses, einer Wurzel, eines Blattes oder eines in Formbildungstätigkeit begriffenen Vegetationspunktes — durch ein anderes solches Organ soll Organkompensation (Vertretung) heißen; der Ersatz eines Organs durch Auswachsen einer vorgebildeten »latenten Anlage« —

einer schlafenden Knospe, eines ruhenden Vegetationspunktes oder meristematischen Zellkomplexes — dagegen Präventivrestitution (Anlagekompensation, Neuentfaltung).

Organkompensationen ohne Änderung des morphologischen Charakters des restituierenden Organs, also durch bloßes vermehrtes Wachstum vermittelte, werden als kompensatorische Hypertrophie bezeichnet, die vertretende Umbildung eines Organs zu einem solchen von anderem morphologischem Charakter als kompensatorische Hypertypie.

Entsprechend heißen Präventivrestitutionen, bei denen der Formwert der auswachsenden Anlage erhalten bleibt oder bei denen dieser ein bestimmter Formwert vor der Restitution noch nicht zukam, kompensatorische Anlageausgestaltungen, während die unter Änderung des morphologischen Charakters der restituierenden Anlage erfolgenden Präventivrestitutionen kompensatorische Anlageumgestaltungen genannt werden.

Literaturverzeichnis.

1915. Andrews, F. W., Die Wirkung der Zentrifugalkraft auf Pflanzen. Jahrb. f. wiss. Bot. 56. 1915. (Pfeffer-Festschrift.)

1891. Acqua, C., Contribuzione alla Conoscenza della cellula vegetale. Malpighia. 5. 1891.

1909. Bäßler, Fr., Über den Einfluß des Dekapitierens auf die Richtung der Blätter an orthotropen Sprossen. Bot. Zeit. 67. 1909.

1909. Bally, W., Über Adventivknospen und verwandte Bildungen auf Primärblättern von Farnen. Flora. 99. 1909.

1884. de Bary, A., Vergleichende Morphologie und Biologie der Pilze, Mycetozoen und Bakterien. Leipzig 1884.

1897. Behrens, J., Über Regeneration bei den Selaginellen. Flora. 84. 1897.

1883. Beinling, E., Untersuchungen über die Entstehung der Adventivwurzeln und Laubknospen an Blattstecklingen von *Peperomia*. Cohns Beitr. z. Biol. d. Pfl. 3. 1883.

1884. Bertrand, C., Loi des surfaces libres. Comptes rendus. 98. Paris 1884.

1886. Beyjerinck, S., Beobachtungen und Betrachtungen über Wurzelknospen und Nebenwurzeln. Verh. Kgl. Akad. Amsterdam 1886.

1897. Boirivant, M. A., Recherches sur les organes de remplacement chez les plantes. Annales d. Sc. nat. 8. Sér. Bot. 6. Paris 1897.

1877. Brefeld, O., Botanische Untersuchungen über Schimmelpilze. Bd. 3. Basidiomyceten. 1877.

1898. Bruchmann, H., Über die Prothallien und die Keimpflanzen mehrerer europäischer Lykopodien. Gotha 1898.

1905. — Von den Wurzelträgern der *Selaginella Kraussiana*. Flora. 95. Ergbd. 1905.

1904. Bruck, W. F., Untersuchungen über den Einfluß von Außenbedingungen auf die Orientierung der Seitenwurzeln. Zeitschr. f. allg. Physiol. 3. 1904.

1905. McCallum, W. B., Regeneration in plants. I. II. Bot. Gaz. 11. 1905.

1872. Ciesielski, Untersuchungen über die Abwärtskrümmungen der Wurzel. Beitr. z. Biol. d. Pfl. 1. 1872.

1899. Correns, C., Untersuchungen über die Vermehrung der Laubmoose. Jena 1899.

1860. Crüger, H., Westindische Fragmente. XII. Einiges über die Gewebsveränderungen bei der Fortpflanzung durch Stecklinge. Bot. Zeit. 18. 1860.

1901. Driesch, H., Die organischen Regulationen. Vorbereitungen zu einer Theorie des Lebens. Leipzig 1901.

1903. — Kritisches und Polemisches. IV. Zur Verständigung über die Entelechie. Biol. Zentralbl. 23. 1903.

1908. — Die Entwicklungsphysiologie 1905—1908. Ergebn. d. Anatomie u. Entwicklungsgesch. Anat. Hefte. II. Abt. 1908.

1904. Errera, L., Conflits de préséance et excitations inhibitoires chez les végétaux. Bull. soc. royale de bot. de Belgique. 42. 1904.

1906. Figdor, W., Über Regeneration der Blattspreite bei *Scolopendrium Scolopendrium.* Ber. d. D. bot. Ges. 24. 1906.

1907. — Über Restitutionserscheinungen an Blättern von Gesneriaceen. Jahrb. f. wiss. Bot. 44. 1907.

1910. — Über Restitutionserscheinungen bei *Dasycladus clavaeformis.* Ber. d. D. bot. Ges. 28. 1910.

1907. Francé, R. H., Grundriß der Pflanzenpsychologie als einer neuen Disziplin induktiv forschender Naturwissenschaft. Zeitschr. f. d. Ausb. d. Entwicklungslehre. 1. 1907.

1909. — Pflanzenpsychologie als Arbeitshypothese der Pflanzenphysiologie. Stuttgart 1909.

1909. Freeman, L., Untersuchungen über die Stromabildung der *Xylaria hypoxylon* in künstlichen Kulturen. Ann. mycol. 8. 1909.

1880. Goebel, K., Beiträge zur Morphologie und Physiologie des Blattes. Bot. Zeit. 38. 1880.

1887. — Über künstliche Vergrünung von Farnsporophyllen. Ber. d. D. bot. Ges. 5. 1887.

1896. — Über Jugendformen von Pflanzen und deren künstliche Wiederhervorrufung. Sitzungsber. d. Kgl. bayr. Akad. d. Wiss., math.-phys. Kl. 1896.

1898. 1901. — Organographie der Pflanzen. Jena. I. Teil 1898. II. Teil 1901.

1902. — Über Regeneration im Pflanzenreich. Biol. Zentralbl. 22. 1902.

1903. — Morphologische und biologische Bemerkungen über Regeneration. 14. Weitere Studien über Regeneration. Flora. 92. 1903.

1905. — Allgemeine Regenerationsprobleme. Flora. 95. Ergbd. 1905.

1905a. — Morphologische und biologische Bemerkungen. 16. Die Knollen der Dioscoreen und die Wurzelträger der Selaginellen usw. Flora. 95. Ergbd. 1905.

1907. — Experimentell-morphologische Mitteilungen. Sitzungsber. d. math.-phys. Kl. d. K. bayr. Akad. d. Wiss. zu München. 37. 1907.

1908. — Einleitung in die experimentelle Morphologie der Pflanzen. Leipzig u. Berlin 1908.

1877. Haberlandt, G., Die Schutzeinrichtungen in der Entwicklung der Keimpflanze. Eine biologische Studie. Wien 1877.

1881. Hansen, A., Vergleichende Untersuchungen über Adventivbildungen bei den Pflanzen. Abhandl. herausg. v. d. Senckenberg. Naturf. Ges. 12. 1881.

1872. Hanstein, J. v., Über die Lebensfähigkeit der *Vaucheria*-Zelle. Sitzungsber. der Niederrhein. Ges. Bonn 1872.

1880. — Reproduktion und Reduktion von *Vaucheria*-Zellen. Hansteins bot. Abhandl. 4. 1880.

1908. Harper, R. A., The organisation of certain coenobic plants. Bulletin of the Univ. of Wisconsin No. 207. Sc. s. 3. 1908.

1912. — The Structure and Development of the Colony in *Gonium*. Transactions of the Americ. Microscopical Society. 31. 1912.

1900. Hartig, R., Lehrbuch der Pflanzenkrankheiten. Berlin. 3. Aufl. 1900.

1878. Hartig, Th., Anatomie und Physiologie der Holzpflanzen. 1878.

1890. Heinricher, E., Über die Regenerationsfähigkeit der Adventivknospen von *Cystopteris bulbifera* Bernh. und der *Cystopteris*-Arten überhaupt. Sonderdr. a. d. Festschr. f. Schwendener. Berlin 1890.

1900. — Nachträge zu meiner Studie über die Regenerationsfähigkeit der der *Cystopteris*-Arten. Ber. d. D. bot. Ges. 18. 1900.

1899. Herbst, C., Über die Regeneration von antennenähnlichen Organen an Stelle von Augen. III u. IV. Arch. f. Entw.-Mech. 9. 1899.

1896. Hering, F., Über Wachstumskorrelationen infolge mechanischer Hemmung des Wachsens. Jahrb. f. wiss. Bot. 29. 1896.

1898. Hildebrand, Fr., Die Gattung *Cyclamen*. Jena 1898.

1885. Hoffmann, R., Untersuchungen über die Wirkung mechanischer Kräfte auf die Teilung, Anordnung und Ausbildung der Zellen usw. Dissert. Berlin 1885.

1906. Janse, J. M., Polarität und Organbildung bei *Caulerpa prolifera* Jahrb. f. wiss. Bot. 42. 1906.

1908. — Über Organveränderung bei *Caulerpa prolifera*. Jahrb. f. wiss. Bot. 45. 1908.

1913. Jost, L., Vorlesungen über Pflanzenphysiologie. 3. Aufl. 1913.

1910. Kaßner, F., Untersuchungen über Regeneration der Epidermis. Zeitschr. f. Pflanzenkrankh. 20. 1910.

1911. Killian, K., Beiträge zur Kenntnis der Laminarien. Zeitschr. f. Bot. 3. 1911.

1888. Klebs, G., Beiträge zur Physiologie der Pflanzenzelle. Unters. a. d. bot. Inst. Tübingen. 2. H. 3. 1888.

1896. — Die Bedingungen der Fortpflanzung bei einigen Algen und Pilzen. Jena 1896.

1903. — Willkürliche Entwicklungsänderungen bei Pflanzen. Ein Beitrag zur Physiologie der Entwicklung. Jena 1903.

1904. — Über Probleme der Entwicklung. Biol. Zentralbl. 24. 1904.

1906. — Über künstliche Metamorphosen. Abh. d. Naturf. Ges. zu Halle a. S. 25. 1906.

1893. Klemm, P., Über *Caulerpa prolifera*. Flora. 77. 1893.

1894. — Über die Regenerationsvorgänge bei den Siphoneen. Flora. 78. 1894.

1907. Kniep, H., Beiträge zur Keimungsphysiologie und -biologie von *Fucus*. Jahrb. f. wiss. Bot. 44. 1907.

1806. Knight, T. A., Sechs pflanzenphysiologische Abhandlungen (1803 bis 1812). Ostwalds Klassiker. 62. Vgl. dazu auch: H. Vöchting, Zu T. A. Knights Versuchen über Knollenbildung. Bot. Zeit. 53. 1895.

1877. Kny, L., Künstliche Verdoppelung des Leitbündelkreises im Stamm der Dikotyledonen. Sitzungsber. d. Ges. naturf. Freunde zu Berlin 1877 und Bot. Zeit. 35. 1877.

1880. — Eigentümliche Durchwachsungen an den Wurzelhaaren zweier Marchantiaceen. Verh. d. Bot. Ver. d. Prov. Brandenburg. 21. 1880.

1905. — Über künstliche Spaltung der Blütenköpfe von *Helianthus annuus*. Naturw. Wochenschr. N. F. 4. 1905.

1907. Köhler, P., Beiträge zur Kenntnis der Reproduktions- und Regenerationsvorgänge bei Pilzen usw. Flora. 97. 1907.

1880. Kraus, K., Untersuchungen über künstliche Herbeiführung der Verlaubung von Bracteen der Körbchen von *Helianthus annuus*. Forsch. Agric. Wollng. III. 1880.

1909. Kreh, L., Über die Regeneration der Lebermoose. Nova Acta acad. Leop. Carol. Halle. 40. 1909.

1908. Krieg, A., Beiträge zur Kenntnis der Callus- und Wundholzbildung geringelter Zweige und deren histologische Veränderungen. Würzburg 1908.

1899. Küster, E., Über Vernarbungs- und Prolifikationserscheinungen bei Meeralgen. Flora. 86. 1899.

1903. 1916. — Pathologische Pflanzenanatomie. Jena. 1. Aufl. 1903. 2. Aufl. 1916.

1916a. — Beiträge zur Kenntnis des Laubfalls. Ber. d. D. bot. Ges. 34. 1916.

1906. Kupper, W., Über Knospenbildung an Farnblättern. Flora. 96. 1906.

1915. Linsbauer, K., Studien über die Regeneration des Sproßvegetationspunktes. Denkschr. d. Kaiserl. Leop.-Akademie d. Wiss. in Wien, m.-n. Kl. 93. 1915.

1893. Löb, J., Über künstliche Umwandlung positiv heliotropischer Tiere in negativ heliotropische und umgekehrt. Pflügers Arch. 54. 1893.

1909. Löhr, Th., Notiz über einige Blattstielpfropfungen. Bot. Zeit. 67. 1909.

1892. Lopriore, G., Über die Regeneration gespaltener Wurzeln. Ber. d. D. bot. Ges. 10. 1892.

1895. — Vorläufige Mitteilung über die Regeneration gespaltener Stammspitzen. Ber. d. D. bot. Ges. 13. 1895.

1896. Lopriore, G., Über die Regeneration gespaltener Wurzeln. Nova Acta Acad. Leop. Carol. 66. 1896.

1906. — Regeneration von Wurzeln und Stämmen infolge traumatischer Einwirkungen. Internat. bot. Kongr. zu Wien. Jena 1906.

1895. Mäule, C., Der Faserverlauf im Wundholz. Bibl. bot. H, 33. 1895.

1906. Magnus, W., Über die Formbildung der Hutpilze. Arch. f. Biontologie. 1. Berlin 1906.

1906. Mann, Br., Untersuchungen über Zellhautbildung um plasmolysierte Protoplasten. Borna-Leipzig 1906.

1898. Massart, J., La cicatrisation chez les végétaux. Mém. cour. et autres mém. publ. Acad. Roy. d. sc. de Belgique. 57. 1898.

1906. Mathuse, O., Über abnormales sekundäres Wachstum von Laubblättern usw. Diss. Berlin 1906.

1905. Miehe, H., Wachstum, Regeneration und Polarität isolierter Zellen. Ber. d. D. bot. Ges. 23. 1905.

1856. Müller, K., Zur Kenntnis der Reorganisation im Pflanzenreiche. Bot. Zeit. 14. 1856.

1875. Necker, M. de, Physiologie des corps organisés. S. 41 ff. 1875.

1914. Neeff, Fr., Über Zellumlagerung. Ein Beitrag zur experimentellen Anatomie. Zeitschr. f. Bot. 6. 1914.

1903. Neger, F. W., Über Blätter mit der Funktion von Stützorganen. Flora. 92. 1903.

1905. Němec, Bog., Studien über die Regeneration. Berlin 1905.

1888. Noll, Fr., Über den Einfluß der Lage auf die morphologische Ausbildung einiger Siphoneen. Arb. d. bot. Inst. Würzburg. 3. 1888.

1892. — Über heterogene Induktion. Leipzig 1892.

1907. Nordhausen, M., Über Richtung und Wachstum der Seitenwurzeln unter dem Einfluß äußerer und innerer Faktoren. Jahrb. f. wiss. Bot. 44. 1907

1890. Palla, E., Beobachtungen über Zellhautbildung an des Zellkerns beraubten Protoplasten. Flora. 73. 1890.

1906. — Über Zellhautbildung kernloser Plasmateile. Ber. d. D. bot. Ges. 24. 1906.

1897. Peters, L., Beiträge zur Wundheilung bei *Helianthus annuus* und *Polygonatum cuspidatum*. Diss. Göttingen 1897.

1809. Du Petit Thouars, Essais sur la végétation. De la culture considérée dans la reproduction par bourgeons. 1809.

1904. Pfeffer, W., Pflanzenphysiologie. Bd. 2. Kraftwechsel. 2. Aufl. 1904.

1902. Pischinger, F., Über Bau und Regeneration des Assimilationsapparates von *Streptocarpus* und *Monophyllaea*. Sitzungsber. math.-nat. Kl. Kaiserl. Akad. d. Wiss. Wien. III. Abt. I. 1902.

1874. Prantl, K., Untersuchungen über die Regeneration des Vegetationspunktes an Angiospermenwurzeln. Arb. d. bot. Inst. Würzburg. 1. 1874.

1877. Pringsheim, N., Über Sprossung der Moosfrüchte und den Generationswechsel der Thallophyten. Jahrb. f. wiss. Bot. 11. 1877.

1912. Pringsheim, E. G., Die Reizbewegungen der Pflanzen. (J. Springer, Berlin.) 326 S. 1912.

1901. Prowazek, S., Beiträge zur Protoplasmaphysiologie. Biol. Zentralbl. 21. 1901.

1907. — Zur Regeneration der Algen. Biol. Zentralbl. 27. 1907.

1900. Raciborski, M., Morphogenetische Versuche. II. III. Flora. 87. 1900.

1894. Rechinger, C., Untersuchungen über die Grenzen der Teilbarkeit im Pflanzenreich. Verhandl. zool.-bot. Ges. Wien. 43. 1894.

1876. Regel, F., Die Vermehrung der Begoniaceen aus ihren Blättern. Jenaische Zeitschr. f. Naturw. S. 477 ff. 1876.

1912. Reuber, A., Experimentelle und analytische Untersuchungen über die organisatorische Regulation von *Populus nigra* usw. Arch. f. Entw.-Mech. 34. 1912.

1894. Richter, S., Über die Reaktionen der Characeen auf äußere Einflüsse. Flora. 78. 1894.

1898. Ricome, Symétrie des ramaux floreaux. Annales des sciences natur. 8. Sér. 2. 1898.

1905. Riehm, E., Beobachtungen an isolierten Blättern. Zeitschr. f. Naturw. 77. 1905.

1874. Sachs, J., Lehrbuch der Botanik. S. 174. 1874.

1878. — Über die Anordnung der Zellen in jüngsten Pflanzenteilen. Arb. d. bot. Inst. Würzburg. 2. H. 1. S. 104. 1878.

1880. 1882. — Stoff und Form der Pflanzenorgane. I. II. Arb. d. bot. Inst. Würzburg. 1880. 1882.

1913. Schlumberger, O., Über einen eigenartigen Fall abnormer Wurzelbildung an Kartoffelknollen. Ber d. D. bot. Ges. 31. 1913.

1894. Schostakowitsch, W., Über die Reproduktions- und Regenerationserscheinungen bei den Lebermoosen. Flora. 79. Ergbd. 1894.

1905. Setchell, W. A., Univ. Calif. Publ. Botany. 2. 1905. (Mir nicht zugänglich.)

1911. Shoemaker, On the development of *Hamamelis virginiana*. Bot. Gaz. 24. 1911.

1904. Simon, S., Untersuchungen über die Regeneration der Wurzelspitze. Jahrb. f. wiss. Bot. 40. 1904.

1908. — Experimentelle Untersuchungen über die Differenzierungsvorgänge im Callusgewebe von Holzgewächsen. Jahrb. f. wiss. Bot. 45. 1908.

1909. Sorauer, P., Handbuch der Pflanzenkrankheiten. 3. Aufl. Berlin 1909. Bd. 1. Die nichtparasitären Krankheiten.

1876. Stahl, E., Über künstlich hervorgerufene Protonemabildung an dem Sporogonium der Laubmoose. Bot. Zeit. 1876.

1909. Stingl, G., Über regenerative Neubildungen an isolierten Blättern phanerogamer Pflanzen. Flora. 99. 1909.

1874. Stoll, R., Über die Bildung des Callus bei Stecklingen. Bot. Zeit. 32. 1874.

1895. Tittmann, H., Physiologische Untersuchungen über Callusbildung an Stecklingen holziger Gewächse. Jahrb. f. wiss. Bot. 27. 1895.

1897. — Beobachtungen über Bildung und Regeneration des Periderms, der Epidermis, des Wachsüberzuges und der Cuticula holziger Gewächse. Jahrb. f. wiss. Bot. 30. 1897.

1902. Tobler, F., Zerfall und Reproduktionsvermögen des Thallus einer Rhodomelacee. Ber. d. D. bot. Ges. 20. 1902.

1903. — Über Vernarbung und Wundreiz an Algenzellen. Ber. d. D. bot. Ges. 21. 1903.

1904. — Über Eigenwachstum der Zelle und Pflanzenform. Jahrb. f. wiss. Bot. 39. 1904.

1906. — Über Regeneration und Polarität sowie verwandte Wachstumsvorgänge bei *Polysiphonia* u. a. Algen. Jahrb. f. wiss. Bot. 42. 1906.

1908. — Über Regeneration bei *Myrionema*. Ber. d. D. bot. Ges. 26a. 1908.

1897. Townsend, Ch. O., Einfluß des Zellkerns auf die Bildung der Zellhaut. Jahrb. f. wiss. Bot. 30. 1897.

1846. Trécul, Recherches sur l'origine des racines. Ann. des Sciences nat. bot. 3. Sér. 6. 1846.

1878. 1884. Vöchting, H., Über Organbildung im Pflanzenreich. Bonn. Bd. 1. 1878. Bd. 2. 1884.

1885. — Über die Regeneration der Marchantien. Jahrb. f. wiss. Bot. 16. 1885.

1887. — Über die Bildung der Knollen. Physiologische Untersuchungen. Bibl. bot. H. 4. 1887.

1889. — Über eine abnorme Rhizombildung. Bot. Zeit. 47. 1889.

1892. — Über Transplantation am Pflanzenkörper. Untersuchungen zur Physiologie und Pathologie. Tübingen 1892.

1900. — Zur Physiologie der Knollengewächse. Studien über vikariierende Organe am Pflanzenkörper. Jahrb. f. wiss. Bot. 34. 1900.

1904. — Über die Regeneration der *Araucaria excelsa*. Jahrb. f. wiss Bot. 40. 1904.

1908. — Untersuchungen zur experimentellen Anatomie und Pathologie des Pflanzenkörpers. Tübingen 1908.

1904. Voß, W., Über Verkorkungserscheinungen an Querwunden bei *Vitis*-Arten. Ber. d. D. bot. Ges. 22. 1904.

1890. de Vries, H., Über abnorme Entstehung sekundärer Gewebe. Jahrb. f. wiss. Bot. 22. 1890.

1885. Wakker, J. H., Onderzoekingen over adventieve Knoppen. Akademisk. proefschrift. Amsterdam 1885.

1886. Wakker, J. H., Die Neubildungen an abgeschnittenen Blättern von *Caulerpa prolifera*. Versl. en Meled. d. Kon. Acad. Wetensch. te Amsterdam. 3. Reeks. Deel 2. 1886.

1911. Weir, J. R., Untersuchungen über die Gattung *Coprinus*. Flora. N. F. 3. 1911.

1906. Westerdijk, J., Zur Regeneration der Laubmoose. Rec. des travaux botan. néerland. 2. 1906.

1900. Winkler, H., Über Polarität, Regeneration und Heteromorphose bei *Bryopsis*. Jahrb. f. wiss. Bot. 35. 1900.

1902. — Über die Regeneration der Blattspreite bei einigen *Cyclamen*-Arten. Ber. d. D. bot. Ges. 20. 1902.

1903. — Über regenerative Sproßbildung auf den Blättern von *Torenia asiatica*. Ber. d. D. bot. Ges. 21. 1903.

1905. — Über regenerative Sproßbildung an den Ranken, Blättern und Internodien von *Passiflora coerulea*. Ber. d. D. bot. Ges. 23. 1905.

1908. — Über die Umwandlung des Blattstiels zum Stengel. Jahrb. f. wiss. Bot. 45. 1908.

1913. — Entwicklungsmechanik oder Entwicklungsphysiologie der Pflanzen. Handwörterb. d. Naturwiss. Bd. 3. Jena 1913.

1910. Wulff, E., Über Heteromorphose bei *Dasycladus clavaeformis*. Ber. d. D. bot. Ges. 28. 1910.